DIANWANG SHEBEI FUSHI FANGHU JISHU

电网设备
腐蚀防护技术

国家电网有限公司设备管理部　组编

中国电力出版社

CHINA ELECTRIC POWER PRESS

内 容 提 要

为有效解决电网腐蚀问题，提升设备本质安全，国家电网有限公司设备管理部组织编写了《电网设备腐蚀防护技术》。本书共 7 章，主要内容包括概述、标准与规定、检测技术、电网腐蚀图绘制技术、常用电网设备腐蚀防护技术、电网设备腐蚀防护选材及应用、巡检工作等。

本书可供电力系统设计、基建、物资采购、运维检修等专业中从事电网腐蚀防护工作的管理、科研及一线人员学习使用，还可供大专院校相关专业学习参考。

图书在版编目（CIP）数据

电网设备腐蚀防护技术/国家电网有限公司设备管理部组编 . —北京：中国电力出版社，2023.7

ISBN 978 - 7 - 5198 - 7609 - 8

Ⅰ.①电… Ⅱ.①国… Ⅲ.①电力设备－防腐 Ⅳ.①TM4

中国国家版本馆 CIP 数据核字（2023）第 042368 号

出版发行：中国电力出版社

地　　址：北京市东城区北京站西街 19 号（邮政编码 100005）

网　　址：http://www.cepp.sgcc.com.cn

责任编辑：肖　敏（010—63412363）　杨芸杉

责任校对：黄　蓓　王海南

装帧设计：郝晓燕

责任印制：石　雷

印　　刷：三河市航远印刷有限公司

版　　次：2023 年 7 月第一版

印　　次：2023 年 7 月北京第一次印刷

开　　本：787 毫米×1092 毫米　16 开本

印　　张：11.5

字　　数：184 千字

定　　价：68.00 元

前　言

电网覆盖区域广阔，所处环境复杂多样，部分电网设备面临恶劣的服役环境考验，腐蚀成为影响电网设备安全稳定运行的重要问题之一。当前材料腐蚀与防护学科在电网工程中尚处于发展阶段，电网从业人员对材料腐蚀与防护学科知识的掌握相对有限，在电网规划设计、设备采购、基础建设、运维检修等阶段缺乏差异化防腐技术指导，导致部分电网设备腐蚀现象过早发生，一些设备甚至在投运初期就出现腐蚀问题。

为有效解决电网腐蚀问题，提升设备本质安全，近年来，国家电网有限公司（简称国网公司）持续加强电网设备腐蚀防护治理能力建设，立项支持基础技术研究，积累电网设备材料腐蚀数据，绘制电网大气和土壤腐蚀等级分布图，构建电网设备防腐技术标准体系，支撑电网设备防腐及选型工作差异化、规范化、标准化开展。通过大量实践探索，国网公司各单位在电网腐蚀防护理论基础、检测技术、试验方法等方面积累了大量经验，为进一步推动电网设备腐蚀防护治理，保障电网安全稳定运行奠定了重要基础。

为充分总结近年来国网公司电网设备腐蚀防护工作成果，推动电网腐蚀防护工作规范、高效及高质量开展，提高设计、基建、物资采购、运维检修等管理、科研及一线人员防腐专业知识，提升电网设备安全稳定运行水平，国网公司设备管理部组织编写了《电网设备腐蚀防护技术》。本书主要内容包括概述、标准与规定、检测技术、电网腐蚀图绘制技术、常用电网设备腐蚀防护技术、电网设备腐蚀防护选材及应用、巡检工作等，由国网智能电网研究院有限公司、国网浙江省电力有限公司、国网安徽省电力有限公司、国网重庆市电力公司、国网福建省电力有限公司、国网四川省电力公司、国网新疆电力有限公司共同编写。

由于编写人员水平有限，书中难免存在不妥或疏漏之处，恳请广大读者批评指正。

编者

2023 年 3 月

第一章 概 述

第一节 基 本 概 念

一、金属腐蚀

金属腐蚀是材料受环境介质的化学作用或电化学作用而变质和破坏的现象，这是一个自发的过程。造成金属腐蚀现象最根本的原因在于金属热力学的稳定性，具体而言，就是金属原子在使用过程中，由于自由度过高，导致在一定条件下，金属单质会产生变化，最终产生金属腐蚀现象。钢构件生锈、铜导体表面产生铜绿、镀银表面变黑等都属于金属腐蚀。

二、化学腐蚀

金属材料在干燥气体和非电解质溶液中发生纯化学作用而引起的腐蚀损伤称为化学腐蚀。在干燥的空气中，铝被氧化为氧化铝属于化学腐蚀。

三、电化学腐蚀

金属在环境中与电解质溶液接触，同金属中的杂质或不同种金属之间形成电位差，构成腐蚀原电池而引起金属腐蚀的现象称为电化学腐蚀。在潮湿空气中碳钢生锈、铝合金的点蚀均为电化学腐蚀。

四、腐蚀速率

腐蚀速率是单位时间内，单位面积上金属材料损失的质量，或单位时间内，金属材料损失的平均厚度。

第二节　电网设备腐蚀的类型及危害

一、电网设备腐蚀的类型

（一）腐蚀机理分类

1. 化学腐蚀

化学腐蚀的反应历程的特点为在一定条件下，非电解质中的氧化剂与金属表面的原子直接发生氧化还原反应，形成腐蚀产物。在腐蚀过程中，电子的传递是在金属与氧化剂之间直接进行的，因而没有电流产生。

实际上，纯化学腐蚀的例子是较少见到的，大部分为金属在无水的有机液体和气体中腐蚀以及在干燥气体中的腐蚀。

2. 电化学腐蚀

任何以电化学机理进行的腐蚀反应至少包含有一个阳极反应和一个阴极反应，并以流过金属内部的电子流和介质中的离子流形成回路。阳极反应是氧化过程，即金属离子从金属转移到介质中并放出电子；阴极反应为还原过程，即介质中氧化剂组分吸收来自阳极的电子的过程。例如，碳钢在酸中腐蚀时，在阳极区铁被氧化为 Fe^{2+} 离子，所放出的电子自阳极（Fe）流至钢中的阴极（Fe_3C）上被 H^+ 离子吸收而还原成氢气，即：

$$阳极反应:Fe \longrightarrow Fe^{2+} + 2e \tag{1-1}$$

$$阴极反应:2H^+ + 2e \longrightarrow H_2 \uparrow \tag{1-2}$$

$$总反应:Fe + 2H^+ \longrightarrow Fe^{2+} + H_2 \uparrow \tag{1-3}$$

由此可见，与化学腐蚀不同，电化学腐蚀的特点在于它的腐蚀历程可分为两个相对独立并且可同时进行的过程。由于在被腐蚀的金属表面上一般具有隔离的阳极区和阴极区，腐蚀反应过程中电子的传递可通过金属从阳极区流向阴极区，其结果必有电流产生。这种因电化学腐蚀而产生的电流与反应物质的转移可通过法拉第定律定量地联系起来。

金属的电化学腐蚀实质上是短路的原电池作用的结果，这种原电池称为腐蚀原电池。电化学腐蚀是电网设备最普遍、最常见的腐蚀，金属在大气、海水、土壤和各种电解质溶液中的腐蚀都属此类。

（二）腐蚀环境分类

1. 大气腐蚀

金属材料在大气自然环境条件下发生腐蚀的现象称为大气腐蚀，腐蚀机制主要是材料受大气中所含的水分、氧气和腐蚀介质（包括 NaCl、CO_2、SO_2、烟尘、表面沉积物等）的联合作用而引起的破坏。

（1）大气腐蚀分类。从腐蚀条件看，大气的主要成分是水和氧，而大气中的水汽是决定大气腐蚀速度和腐蚀历程的主要因素。按腐蚀反应可分为化学腐蚀和电化学腐蚀两种，除在干燥的大气环境中发生氧化、硫化等属于化学反应外，绝大多数情况下均属于电化学腐蚀，但它又有别于全浸电解液中的电化学腐蚀，而是在电解液薄膜下的电化学腐蚀。空气中的氧气是电化学腐蚀阴极过程中的去极化剂，水膜的厚度直接影响着大气腐蚀过程。因此，可按照金属表面水膜的厚度对大气腐蚀进行如下分类：

1）干的大气腐蚀。这种情况下，大气中基本没有水汽，是金属表面没有水膜存在时的大气腐蚀。这种腐蚀属于化学腐蚀中的常温氧化、硫化。在清洁干燥的大气中，大多数金属在室温下都可以产生不可见的氧化膜；在有微量气体沾污物存在的情况下，铜、银等非铁金属即使在常温下也会生成一层可见的膜，这种膜的形成通常称为失泽作用。在同样条件下，如果湿度没有超过临界湿度的话，铁和钢的表面将保持着光亮。

2）潮的大气腐蚀。在相对湿度低于 100％时，肉眼看不见的薄水膜（0.01～1μm）下的腐蚀，称为潮的大气腐蚀。这种水膜是由于毛细管作用、吸附作用或化学凝聚作用而在金属表面上形成的。铁在没有被雨、雪淋到而发生的锈蚀就是这类腐蚀。

3）湿的大气腐蚀。在金属表面上存在着肉眼可见的水膜（1μm～1mm）时的大气腐蚀，称为湿的大气腐蚀。当空气湿度为 100％左右或雨水直接落到金属表面上，就发生这类腐蚀。

一般的大气腐蚀大多是属于潮、湿的大气腐蚀，随着气候条件和相应的金属表面状态（氧化物、盐类的附着情况）的变化，各种腐蚀形式可以互相转换。例如，在空气中起初以干的腐蚀历程进行的构件，当湿度增大或由于生成吸水性的腐蚀产物时，可能会开始按照潮的大气腐蚀历程进行腐蚀，当水直接落到金属上时，潮的大气腐蚀又转变为湿的大气腐蚀，而当湿度降低后，又重新按潮的大气腐蚀形式进行腐蚀。

（2）影响大气腐蚀的因素。

1）气候因素。

a. 大气的相对湿度。大气腐蚀是一种水膜下的电化学反应，空气中的水分在金属表面凝聚而生成水膜和空气中氧气通过水膜进入金属表面是发生大气腐蚀的基本条件。而水膜的形成是与大气中的相对湿度密切相关的，因此，相对湿度是影响大气腐蚀的最主要的因素之一。图1-1为大气腐蚀速度与表面水膜厚度的关系曲线。图1-1中区域Ⅰ只有几个分子层厚度的附着水膜，没有延续的电解质液膜，相当于干的大气腐蚀，腐蚀速度很小；区域Ⅱ对应于潮的大气腐蚀，金属表面以一层很薄的（0.01～1μm）电解液膜存在，且液膜易于氧的扩散进入界面，使腐蚀速度剧增；区液Ⅲ相当于湿的大气腐蚀，膜的厚度已达到明显可见的程度，随着水膜增厚而氧的扩散阻力加大，腐蚀速度开始下降。当液膜进一步变厚时，即区域Ⅳ，它相当于金属全沉浸在电解液中的腐蚀，腐蚀速度下降平缓。

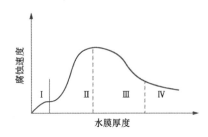

图1-1　大气腐蚀速度与金属表面上水膜厚度的关系曲线

b. 大气温度和温差。环境温度和温差对大气腐蚀速度有一定的影响。一般认为，当相对湿度低于金属临界相对湿度时，如一些大陆性气候的地区，温差比温度对大气腐蚀的影响大，无论温度多高，因环境干燥，金属腐蚀轻微；但日夜温差大，可造成相对湿度的急剧变化，以使空气中的水分在金属表面上凝露，引起腐蚀；但当相对湿度达到金属临界湿度时，如湿度很高的雨季或湿热带，温度的影响就十分明显，一般随温度的升高，腐蚀加快，按一般化学反应，温度每升高10℃，反应速度约提高2倍。

c. 降雨。降雨对大气腐蚀具有两方面的影响，一方面由于降雨增大了大气中的相对湿度，使金属表面变湿，延长了湿润时间，同时因降雨的冲刷作用破坏了腐蚀产物的保护性，这些因素都会加速金属的大气腐蚀；但另一方面，因降雨能冲洗掉金属表面的污染物和灰尘，减少了液膜的腐蚀性，从而减缓了腐蚀过程。

d. 风向和风速。在有污染物的环境中（如工厂的排烟、海边的盐粒子），风向影响着污染物的传播，直接关系到腐蚀速度。风速对表面液膜的干湿程度有一定的影响，在风沙环境中，风速过大会加速金属表面的磨损。

e. 降尘。固体尘粒对腐蚀的影响一般可分为三种情况：①尘粒本身具有可溶性和腐蚀性（如氨盐颗粒），当溶解于液膜中时成为腐蚀性介质，会增加腐蚀速度；②尘粒本身无腐蚀性，也不溶解（如炭粒），但它能吸附腐蚀性物质，当溶解在水膜中时，促进了腐蚀过程；③尘粒本身无腐蚀性和吸附性（如土粒），但落在金属表面上可能与金属表面间形成缝隙，易于水分凝聚，发生局部腐蚀。

2）大气中的污染物质。根据污染物质的性质及含量，大气环境的类型大致可分为工业大气、海洋大气、海洋工业大气和农村大气，在不同地区，其污染物的种类和含量不同。大气污染物质的主要组成见表1-1。

表1-1　　　　　　　　　　　大气污染物质的主要组成

气体组分	固体组分
含硫化合物：SO_2、SO_3、H_2S	灰尘
含氯化合物：Cl_2、HCl	$NaCl$、$CaCO_3$
含氮化合物：NO、NO_2、NH_3、HNO_3	ZnO
含碳化合物和其他有机化合物	氧化物粉、烟粉

a. 工业大气。污染物中主要含有 SO_2、H_2S、NH_3、Cl_2、HCl 等腐蚀性气体，其中硫化物对金属危害最大，是工业大气的主要特征，当其溶入金属表面的液膜时，生成易溶性的亚硫酸盐，引起腐蚀自催化而加剧腐蚀作用。许多金属，如锌、铝、铁等的腐蚀速度和大气中 SO_2 的浓度呈直线关系增加。随着相对湿度的增大，SO_2 的腐蚀促进作用则更加明显。

b. 海洋大气。海洋大气以海盐粒子为特征，海盐粒子被风携带并沉降在暴露的金属表面，它具有很强的吸湿性，并溶于水膜中形成强腐蚀介质。

c. 海洋工业大气。海洋工业大气中既含有 SO_2 又含有海盐粒子，对金属是最严重的腐蚀介质。

2. 土壤腐蚀

土壤腐蚀是指土壤的不同组分和性质对材料的腐蚀，是一种电化学腐蚀。土壤是一个由气、液、固三相物质构成的复杂系统，是无机和有机胶质混合颗粒的集合，土壤颗粒间形成大量毛细管微孔或孔隙，孔隙中充满空气和水，常形成胶体体系，是一种离子导体，溶解有盐类和其他物质的土壤水则是电解液溶液，土壤的导电性与土壤的干湿程度及含盐量有关。土壤的性质和结构是不均匀的、多变的，土壤的固体部分对埋设在土壤中的金属表面来说，是固定不动的，而土壤中的气、液相则可作有限运动。土壤的这些物理化学性质，尤其是电化学特性直接影响着土壤腐蚀过程的特点。土壤的组成和性质的复杂多变性，使不同的土壤腐蚀性相差很大。

（1）土壤腐蚀分类。

1）微电池和宏观电池引起的土壤腐蚀。在土壤腐蚀的情况下，除了因金属组织不均匀性引起的腐蚀微电池外，还可能由于土壤介质的不均匀性引起宏观腐蚀电池。由于土壤透气性不同，使氧的渗透速度不同，形成氧浓差电池的腐蚀。管道通过不同土壤时构成氧浓差电池的腐蚀如图1-2所示。

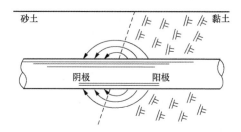

图1-2 管道通过不同土壤时构成氧浓差电池的腐蚀

2）杂散电流引起的土壤腐蚀。杂散电流是指直流电源设备漏失而流入他处的电流，埋地金属材料都容易因杂散电流而引起腐蚀。电流离开埋地材料进入大地处成为腐蚀电池的阳极区，该区金属遭到腐蚀破坏，土壤中杂散电流腐蚀如图1-3所示。腐蚀破坏程度与杂散电流的电流强度成正比，电流强度越大，腐蚀越严重。经计算表明：1A电流流过1年就相当于约9kg的铁发生电化学腐蚀而溶解掉了。可见，杂散电流引起的腐蚀也是相当严重的。

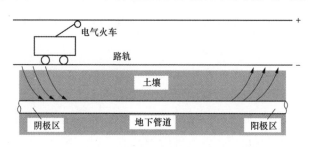

图1-3 土壤中杂散电流腐蚀示意图

交流杂散电流也会引起腐蚀，但这种土壤杂散电流腐蚀破坏作用较小，如频率为 50Hz 的交流电，其作用约为直流电的 1‰。

3) 土壤中微生物引起的腐蚀。对于土壤腐蚀有作用的细菌不多，其中最重要的是硫杆菌和硫酸盐还原菌（厌氧菌）。

a. 硫杆菌。有排硫杆菌和氧化硫杆菌两种，这种细菌最适宜存在的温度为 25～30℃，当温度达到 55℃ 以上时，就无法生存。

在埋地金属材料附近，由于污物发酵结果产生硫代硫酸盐，排硫杆菌就在其上大量繁殖，产生硫元素，紧接着，氧化硫杆菌将硫元素氧化成硫酸，造成对金属的严重腐蚀。

b. 硫酸盐还原菌。如果土壤中非常缺氧，而且又不存在氧浓差电池及杂散电流等腐蚀大电池时，腐蚀过程是很难进行的。但是，对于含有硫酸盐的土壤，如果有硫酸盐还原菌存在，腐蚀不但能顺利进行，而且更加严重，主要是由于生物的催化作用，使腐蚀过程的阴极去极化反应得以进行，从而大大加速了腐蚀。

(2) 土壤腐蚀的过程机理。

1) 阴极过程。土壤中的常用结构金属是钢铁，在发生土壤腐蚀时，阴极过程是氧的还原，在阴极区域生成 OH^- 离子，反应式为：

$$O_2 + 2H_2O + 4e \longrightarrow 4OH^- \tag{1-4}$$

只有在酸性很强的土壤中，才会发生析氢反应，反应式为：

$$2H^+ + 2e \longrightarrow H_2 \uparrow \tag{1-5}$$

在硫酸盐还原菌的参与下，硫酸根的还原也可作为土壤腐蚀的阴极过程，反应式为：

$$SO_4^{2-} + 4H_2O + 8e \longrightarrow S^{2-} + 8OH^- \tag{1-6}$$

实践证明，金属构件在土壤中的腐蚀，阴极过程是主要的控制步骤，而这种过程受氧输送所控制。氧从地面向地下的金属构件表面扩散，是一个非常缓慢的过程，与传统的电解液中的腐蚀不同，在土壤条件下，氧的进入不仅受到紧靠着阴极表面的电解质（扩散层）的限制，而且还受到阴极上面整个土层的阻力等，输送氧的主要途径是氧在土壤气相中（空隙）的扩散。氧的扩散速度不仅决定于金属构件的埋没深度，还受土壤结构、湿度、松紧程度以及土壤中胶体粒子含量等因素的影响。

对于颗粒状的疏松土壤来说，氧的输送还是比较快的；相反，在紧密的高度潮湿的土壤中，氧的输送效率是非常低的，尤其是在排水和通气不良，甚至在水饱和的土壤中，因土壤结构很细，氧的扩散速度很低。

2）阳极过程。钢铁构件在土壤中腐蚀的阳极过程为铁氧化成两价铁离子，并发生两价铁离子的水合作用，反应式为：

$$Fe + nH_2O \longrightarrow Fe^{2+} \cdot nH_2O + 2e \qquad (1-7)$$

只有在酸性较强的土壤中，才有相当数量的铁氧化成为两价或三价离子，以离子状态存在于土壤中。在稳定的中性和碱性土壤中，由于 Fe^{2+} 和 OH^- 之间的次生反应而生成 $Fe(OH)_2$，反应式为：

$$Fe^{2+} + 2OH^- \longrightarrow Fe(OH)_2 \qquad (1-8)$$

在阳极区有氧存在时，能氧化成为溶解度很小的 $Fe(OH)_3$，反应式为：

$$2Fe(OH)_2 + 1/2O_2 + H_2O \longrightarrow Fe(OH)_3 \qquad (1-9)$$

$Fe(OH)_3$ 产物很不稳定，它会转变成更稳定的产物，反应式为：

$$Fe(OH)_3 \longrightarrow FeOOH \qquad (1-10)$$

$$2Fe(OH)_3 \longrightarrow Fe_2O_3 \cdot 3H_2O \longrightarrow Fe_2O_3 + 3H_2O \qquad (1-11)$$

FeOOH 是一种赤色的腐蚀产物，$Fe_2O_3 \cdot 3H_2O$ 是一种黑色的腐蚀产物，$Fe(OH)_3$ 产物在比较干燥的条件下转变成 Fe_2O_3。

当土壤中存在 HCO_3^-、CO_3^{2-} 和 S^{2-} 阴离子时，与阳极区附近的金属阳离子反应，生成不溶性的腐蚀产物，反应式为：

$$Fe^{2+} + CO_3^{2-} \longrightarrow FeCO_3 \qquad (1-12)$$

$$Fe^{2+} + S^{2-} \longrightarrow FeS \qquad (1-13)$$

低碳钢在土壤中生成的不溶性腐蚀产物与基体结合不牢固，与土壤中细小土粒黏结在一起，可以形成一种紧密层，可以有效地阻止阳极过程，尤其在土壤中存在钙离子时，生成的 $CaCO_3$ 与铁的腐蚀产物黏结在一起，阻碍阳极过程的作用就更大。

阳极钝化也是阳极过程的重要方面，在疏松、透气性好的土壤中，空气中的氧很容易扩散到金属电极表面，促进阳极钝化；而活性离子 Cl^- 的存在阻碍阳极钝化的产生。

（3）影响土壤腐蚀的因素。影响土壤腐蚀的因素很多，其中主要有土壤的孔隙度、导电性、pH 值、含盐量、含水量、土壤微生物及杂散电流等。下面

简单介绍对土壤腐蚀的影响较大的几个因素。

1）土壤孔隙度。孔隙度大有利于保存水分和氧的渗透。透气性好可加速腐蚀过程，但透气性太大可阻碍金属的阳极溶解，易生成具有保护能力的腐蚀产物层。

2）土壤的导电性。土壤的导电性主要受土壤土质、含盐量、含水量等因素影响。孔隙度大的土壤（如砂土），水分易渗透流失；而孔隙度小的土壤（如黏土），水分不易流失，含水量大，可溶性盐类溶解得多，导电性好，腐蚀性强，尤其是对长距离宏观电池腐蚀来说，影响更为显著。一般的低洼地和盐碱地因导电性好，所以有很强的腐蚀性。

3）土壤的 pH 值。金属在酸性较强的土壤中，腐蚀性比较强；中性、碱性对金属的腐蚀影响不大；由于土壤具有较强的缓冲能力，即使在 pH 值为中性的土壤中，有的土壤腐蚀也较强，这可能与土壤中的总酸度有关。总酸度是指单位质量的土壤中吸附氢离子的总量，它反映土壤中无机酸性物质及有机酸性物质的综合效应。

4）土壤含盐量。土壤中一般含有硫酸盐、硝酸盐、氯化钠等无机盐类，土壤中含盐量大，土壤的电导率增高，腐蚀性也增强。除了 Fe^{2+} 离子（Fe^{2+} 可能增强厌氧菌的破坏作用）影响腐蚀外，一般阳离子对腐蚀影响不大。相反地，富含 Ca^{2+}、Mg^{2+} 离子的石灰质土壤（非酸性土壤）中，因金属表面形成难溶的氧化物或碳酸盐保护层而使腐蚀减小；SO_4^{2-}、NO_3^-、Cl^- 等阴离子对腐蚀影响较大，Cl^- 离子对土壤腐蚀有促进作用，海边潮汐区或接近盐场的土壤，腐蚀性更强。

5）土壤含水量。水分是使土壤成为电解质，造成电化学腐蚀的先决条件。水分的多少对土壤腐蚀影响很大，含水量很低时腐蚀速度不大；随着含水量的增加，土壤中可溶性盐溶解量增大，因而加大腐蚀速度，当可溶性盐全部溶解时，腐蚀速度可达最大值；进一步提高含水量，土壤胶粒膨胀，孔隙度缩小，氧的扩散渗透受阻，腐蚀反而减小。

6）土壤中的细菌。土壤中缺氧时，一般难以进行金属腐蚀，因为氧是阴极过程的去极化剂。在土壤中含有硫酸盐，并且缺氧时，厌氧细菌（硫酸盐还原菌）就会繁殖，在其生活过程中，能利用氢或者某些还原物质将硫酸盐还原成硫化物，促进附近钢铁构件腐蚀，反应式为：

$$SO_4^{2-} + 8H^+ \longrightarrow S^{2-} + 4H_2O \tag{1-14}$$

埋在土壤中的钢铁构件表面,在腐蚀过程中阴极区有氢原子产生,若它附在金属表面不以气泡形式逸出,将造成很大的阴极极化,而使腐蚀减缓或停止。如果有硫酸盐还原细菌活动,则消耗金属表面的氢,促进阴极反应的进行,在铁表面生成黑色的硫化亚铁,结果使金属腐蚀加快。这种细菌在中性土壤中最易繁殖,但在 pH 值大于 9 的土壤中就不容易繁殖了。还有些细菌能有效放出 H_2O、CO_2 等侵蚀性气体,也加速了金属腐蚀过程。

7) 杂散电流。杂散电流分为直流杂散和交流杂散电流两类。直流杂散电流的腐蚀破坏程度较大,电流强度越大,腐蚀越严重;交流杂散电流也会引起腐蚀,但这种土壤杂散电流腐蚀破坏作用较小。

8) 土壤质地。土壤质地也是影响土壤腐蚀的重要因素之一,土壤类型不同,其组成成分、矿物粒度和理化性质也不尽相同。砂土中金属最不易被腐蚀;砂粉土次之;粉土/粉壤土中金属腐蚀程度低;黏壤土会加速金属腐蚀;在黏土、沼泽土中,金属腐蚀更加严重。

综上所述,影响土壤腐蚀的因素很多,影响途径也多样化,而且大多数因素间又存在交互作用。

(三) 腐蚀形态分类

1. 全面腐蚀

金属表面几乎全面和均匀地遭受腐蚀称为全面腐蚀或均匀腐蚀。

2. 局部腐蚀

金属表面只有一部分遭受腐蚀而其他部分基本上不腐蚀的称为局部腐蚀。局部腐蚀大多数都是阳极区面积小,阴极区的面积相对很大,因而金属局部溶解速度就比全面腐蚀的溶解速度大很多。按照金属发生局部腐蚀时的条件、机理或外露特征,又可以把局部腐蚀分成几种类型,主要有点蚀、晶间腐蚀、应力腐蚀、缝隙腐蚀、电偶腐蚀和磨损腐蚀等。

(1) 点蚀。点蚀又称小孔腐蚀,是一种极端的局部腐蚀形态。金属表面局部腐蚀向纵深发展,腐蚀的结果是在金属表面上形成蚀点或小孔,而金属其余大部分则未受腐蚀或仅是轻微腐蚀,这种腐蚀形态称为点蚀。常见的点蚀形貌如图 1-4 所示。

1) 原理。点蚀的发生、发展可分为两个阶段,即蚀孔的成核和蚀孔的生

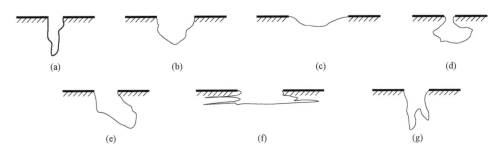

图 1-4　常见点蚀形貌示意图

(a) 窄深；(b) 椭圆形；(c) 宽浅；(d) 在表面下面；(e) 底切形；(f) 水平形；(g) 垂直形

长过程。点蚀的产生与腐蚀介质中活性阴离子（尤其是 Cl^- 离子）的存在密切相关。点蚀多半发生在表面有钝化膜或有保护膜的金属上，处于钝态的金属仍有一定的反应能力，钝化膜的溶解和修复（再钝化）处于动态平衡状态。当介质中存在活性阴离子时，平衡即被破坏，使溶解占优势。关于蚀孔成核的原因现有两种说法。一种说法认为，点蚀是由于氯离子和氧竞争吸附所造成，当金属表面上氧的吸附点被氯离子所替代时，点蚀就发生了。其原因是氯离子选择性吸附在氧化膜表面阴离子晶格周围，置换了水分子，就有一定概率使其和氧化膜中的阳离子形成络合物（可溶性氯化物），促使金属离子溶入溶液中，在新露出的基底金属特定点上生成小蚀坑，成为点蚀核。另一说法认为氯离子半径小，可穿过钝化膜进入膜内，产生强烈的感应离子导电，使膜在特定点上维持高的电流密度并使阳离子杂乱移动，当膜/溶液界面的电场达到某一临界值时，就发生点蚀。

蚀核既可在光滑的钝化金属表面上任何地点形成，更易在钝化膜缺陷、夹杂物和晶间沉积处优先形成。在大多数情况下，蚀核将继续长大，当长至一定的临界尺寸（一般孔径大于 $30\mu m$）时，出现宏观蚀坑。若在外加阳极极化作用，只要介质中含有一定量氯离子，在一定的阳极（破裂）电位下会加速膜上"变薄"点的破坏。电极界面的金属阳离子不形成水化的氧化物离子，而是形成氯离子的络合物，促进"催化"反应的进行，并随静电场的增大而加速。一旦膜被击破，溶解速度就会急剧增大，便可使蚀核发展成蚀孔。

不锈钢点蚀成长的电化学结构如图 1-5 所示。不锈钢在含氯离子介质中发生点蚀的成长过程是一种自催化闭塞电池作用的结果：蚀孔一旦长成，孔内金属离子不断增加，氯离子迁入以维持电中性，形成金属氯化物，随浓度升高并发生氯化物水解生成 HCl，孔内介质酸度增加，腐蚀进一步发展，蚀孔口形成了 Fe (OH)$_3$ 腐蚀产物沉积层，阻碍了扩散和对流，造成闭塞电池效应。

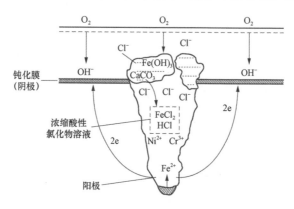

图 1-5　不锈钢点蚀成长的电化学结构示意图

　　某换流站换流变压器冷却器铝管发生腐蚀漏油情况如图 1-6 所示，该现象属于典型的点蚀穿孔现象。腐蚀导致裂纹的萌生与发展，裂纹也有利于腐蚀介质的传输，且腐蚀产物中检测出 Cl、S 等活性元素，进一步加速腐蚀直至穿孔。

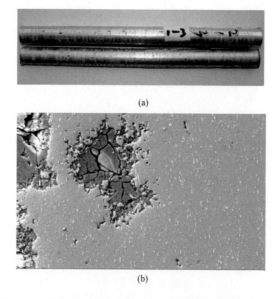

(a)

(b)

图 1-6　某换流站换流变压器冷却器铝管腐蚀漏油情况
（a）铝管漏油宏观照；（b）铝管腐蚀形貌

2）影响因素。

a. 金属本身的因素。具有自钝化特性的金属或合金对点蚀的敏感性较高，钝化能力越强则敏感性越高。合金成分对抗点蚀性有较大影响，增加抗蚀能力的合金元素可以阻止点蚀核的生成和促使蚀点的再钝化。金属表面状态对点蚀也有一定影响，一般光滑和洁净的表面不易发生点蚀。

b. 介质的因素。通常金属的点蚀发生在含 Cl^- 的介质中，Br^- 也有同样的作用，F^- 不引起点蚀，但它使钝态金属或合金表面的均匀溶解速度加快。介质中的 H_2O_2、O_2 和其他氧化剂是点蚀的必要条件，它们是阴极去极化剂，介质中有 Fe^{3+} 和 Cu^{2+} 时，它们作为氧化剂可以起还原反应，因而促进点蚀。介质中存在的某些含氧阴离子，如 OH^-、Cr_2O_2、NO_3^- 和 SO_4^{2-} 对点蚀有一定抑制作用，含氧阴离子对金属点蚀抑制作用的顺序为 $OH^->NO_3^->SO_4^{2-}$，它们在金属表面替代了 Cl^-，因此妨碍了点蚀的发展。

在碱性介质中，金属的点蚀电位随 pH 值升高而变正，点蚀不易发生，这和上述 OH^- 的抑止作用相一致。在酸性介质中，不同的实验得出不同的结果，有的认为 pH 值降低，点蚀电位也变低，有的认为点蚀电位与 pH 值关系不大。

介质浓度的影响，主要是 Cl^- 浓度对点蚀的影响，Cl^- 越浓，点蚀电位越负，越容易发生点蚀。介质的温度升高时，金属的点蚀电位明显降低，点蚀加速。介质的流速加大对点蚀起减缓作用，这是由于有较多的溶氧输送到金属表面，有利于形成钝化膜，并且还可以减小固形物在金属表面沉积。

3）防护措施。改善金属或合金的电化学性质；降低介质的侵蚀性。

（2）晶间腐蚀。在金属晶界上或其邻近区发生剧烈腐蚀，而晶粒的腐蚀则相对很小，这种腐蚀称为晶间腐蚀，晶间腐蚀的显微图像如图 1-7 所示。腐蚀的结果使合金的强度和塑性下降或晶粒脱落，这种腐蚀不易检查，设备会突然损坏，造成较大的危害。

图 1-7　晶间腐蚀的显微图像

1）原理。以不锈钢为例，不锈钢对晶间腐蚀特别敏感。最基本原因是，在回火时晶界析出不易腐蚀的富铬区（或富铬相）和邻近易腐蚀的贫铬区（或贫铬相）。

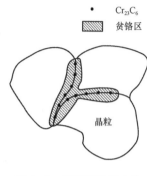

● Cr₂₃C₆

▨ 贫铬区

晶粒

图 1-8　不锈钢晶界上铬的析出

要使普通钢的耐蚀性增加，含铬量必须在 12wt％以上，如果含铬量不够，其耐蚀性不会增加多少。当含碳量约为 0.02wt％ 或略大于 0.02wt％时，在510～788℃温度范围内，$Cr_{23}C_6$实际上是不固溶的，并会从固溶体中沉淀出来，这样，铬便从晶粒边界的固溶体中分离出来，由于铬的扩散速度远低于碳，不能从晶粒内固溶体中扩散补充到边界，因而只能消耗晶界附近的铬，造成晶粒边界贫铬区，不锈钢晶界上铬的析出如图 1-8 所示。贫铬区的含铬量远低于钝化所需的极限值，其电位比晶粒内部的电位低，更低于碳化物的电位。当遇到一定腐蚀介质时构成了微电偶电池，碳化铬和晶粒呈阴极，贫铬区呈阳极，加上很不利的面积比，结果造成贫铬区迅速腐蚀。

某 110kV 变电站主变压器有载调压开关传动抱箍发现裂纹，经过成分和显微组织分析，奥氏体晶界处有大量碳化物析出，裂纹沿晶界扩展，且深入组织内部，为典型的晶间腐蚀。抱箍裂纹和显微组织如图 1-9 所示。

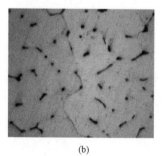

(a)　　　　　　　　　　　　　(b)

图 1-9　抱箍裂纹和显微组织

(a) 抱箍裂纹宏观图；(b) 抱箍裂纹处显微组织图

2）影响因素。影响晶间腐蚀的因素主要为热处理因素和金属或合金组成。

3）防护措施。针对不锈钢晶间腐蚀的控制方法有以下几种：

a. 采用高温固溶处理。先将钢部件加热到 1066～1121℃，然后水淬，在此温度下碳化铬固溶，水淬后可得到更为均匀的合金。但这种方法在经过焊接的大型设备上采用，几乎是不可能的，因为很难有这么大的热处理炉，而且淬火也很困难，如果冷却得慢，就不能收到预期效果。

b. 添加稳定化元素。稳定化元素如钛、铌或铌加钽，和碳的结合力比铬的大得多，加入足够量时，即和钢中的碳全部结合，不需要在制造和焊接后再经固溶淬火。

c. 降低含碳量。选用含碳量低于 0.03wt% 的碳钢，就不会因形成足量的碳化物而引起晶间腐蚀，这种钢称为超低碳钢。

d. 采用双相钢。现在有一种奥氏体钢中含 10wt%～20wt% 铁素体，称双相钢，它能弥补奥氏体钢耐蚀性差和铁素体钢加工性能差的不足，被认为是优良的抗晶间腐蚀钢种。

（3）应力腐蚀。应力腐蚀破裂是指金属材料在固定拉应力和特定介质的共同作用下所引起的破裂，如图 1-10 所示。应力腐蚀是局部腐蚀中破坏最大的一种形式，根据腐蚀介质性质和应力状态的不同，裂纹呈穿晶、晶界或两者混合形式，裂纹既有主干，也有分支，形似树枝状，裂纹横断面多为线状，裂纹走向与所受拉应力的方向垂直。

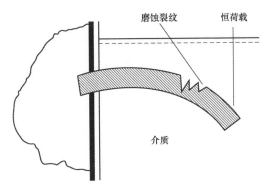

图 1-10　应力腐蚀示意图

构成一个应力腐蚀的体系要求一定的材料与一定的介质的互相结合，常用合金易产生应力腐蚀断裂的环境见表 1-2。

15

表1-2　　　　　　　常用合金易产生应力腐蚀断裂的环境

合　金	环　境
低碳钢	NaOH 水溶液，NaOH
低合金钢	NO_3^- 水溶液，HCN 水溶液，H_2S 水溶液，Na_2PO_4 水溶液，醋酸水溶液，NH_4CNS 水溶液，氨（水$<0.2\%$），碳酸盐和重碳酸盐溶液，湿的 CO-CO_2-空气，海洋大气，工业大气，浓硝酸，硝酸和硫酸混合酸
高强度钢	蒸馏水，湿大气，H_2S，Cl^-
奥氏体不锈钢	Cl^-，海水，二氯乙烷，湿的氯化镁绝缘物，F^-，Br^-，$NaOH$-H_2S 水溶液，$NaCl$-H_2O_2 水溶液，连多硫酸（$H_2S_nO_6$，$n=2\sim5$），高温高压含氧高纯水，H_2S，含氯化物的冷凝水气
铜合金： Cu-Zn，Cu-Zn-Sn， Cu-Zn-Ni，Cu-Sn Cu-Sn-P Cu-Zn Cu-P，Cu-As，Cu-Sb Cu-Au	NH_3气及溶液 浓 NH_4OH 溶液，空气 胺 含 NH_3 湿大气 NH_4OH，$FeCl_3$，HNO_3 溶液
铝合金： Al-Cu-Mg，Al-Mg-Zn， Al-Zn-Mg-Mn（Cu）， Al-Cu-Mg-Mn Al-Zn-Cu Al-Cu Al-Mg	海水 $NaCl$，$NaCl$-H_2O_2 溶液 $NaCl$，$NaCl$-H_2O_2 溶液，KCl，$MgCl$ 溶液 $NaCl+H_2O_2$，$NaCl$ 溶液，空气，海水，$CaCl_2$，NH_4Cl，$CoCl_2$溶液
镁合金： Mg-Al Mg-Al-Zn-Mn	HNO_3，$NaOH$，HF 溶液，蒸馏水 $NaCl$-H_2O_2 溶液，海滨大气，$NaCl$-K_2CrO_4 溶液，水，SO_2-CO_2-湿空气
钛及钛合金	红烟硝酸，N_2O_4（含 O_2，不含 NO，$24\sim74℃$），HCl，Cl^-水溶液，固体氯化物（$>290℃$），海水，CCl_4，甲醇、甲醇蒸汽，三氯乙烯，有机酸

1）原理。应力腐蚀破裂原理异常复杂，至今未有统一见解。研究发现，应力腐蚀体系外加阳极电流时，裂纹加速扩展；外加阴极电流时，裂纹扩展受到抑制或不再扩展。这说明可以把应力腐蚀破裂看成是电化学腐蚀和应力机械破坏相互作用的结果。

任何金属在组织上多少有些缺陷，钝化膜也总存在一些不连续处，这些表面缺陷处的电位比其他部位的低，为应力腐蚀提供了裂纹源，其他如表面上的划痕、小孔或缝隙也是裂纹源。这些裂纹源在特定介质和拉应力的双重作用下可能产生塑性变形而出现滑移阶梯，如果滑移阶梯足够大，表面膜就会被拉破而出现裸露的金属表面。这个新表面比有膜的表面电位负，成为一个微小的阳极，很快就发展成为蚀坑；坑外有膜的金属表面则成为阴极，发生 H^+ 或溶 O_2 的还原反应。蚀坑沿滑移线，即与拉应力呈垂直方向发展为细微裂纹。从裂纹源至形成蚀坑需要一段时间成为孕育期。

细微裂纹形成后，应力便高度集中在裂纹尖端，使其变形而再度出现滑移阶梯，表面膜再次拉破，尖端又加速溶解。这样交替进行，使裂纹向深处发展，最后断裂。

由此可知，裂纹尖端处具有动力阳极特征。裂纹两侧的金属表面在裂纹扩展过程中也有溶解，但破坏了的表面膜仍具有一定的修复能力，溶解速度比尖端慢得多，试验结果指出裂纹尖端区的溶解速度是两侧稳定阳极区的 10^4 倍。这种理论虽然解释了很多的应力腐蚀的现象，但仍有些情况不能解释（如金属在气体介质、液态金属或熔融盐中的应力腐蚀）。

钝化合金的应力腐蚀机理如图 1 - 11 所示。

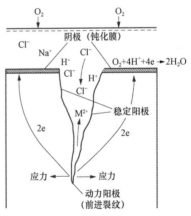

图 1 - 11 钝化合金的应力腐蚀机理示意图

某 110kV 变电站主变压器 B 相 35kV 套管握手线夹开裂，综合分析，线夹为铅黄铜材料，含锌量约为 30%，金相组织为 α 相＋β 相＋Pb，对应力腐蚀十分敏感，裂纹扩展兼有晶界和穿晶特征，裂纹中的成分检测出 Cl、O 等腐蚀性元素，此次线夹开裂的原因为应力腐蚀开裂。线夹裂纹和金相组织图如图 1 - 12 所示。

图 1 - 12　线夹裂纹和金相组织

（a）线夹开裂宏观图；（b）裂纹微观形貌；（c）裂纹处金相组织

2）影响因素。

a. 应力。应力是发生应力腐蚀的必要条件，随着裂纹加深，试样截面积减小，承受的拉应力上升，当截面积减小到材料所承受的应力等于或大于金属的强度极限时而发生机械性破坏。

b. 环境因素。

a）介质。每种金属或合金都有各自特定的引起应力腐蚀的介质，介质的物理状态也很重要，在同样的温度和应力下，干湿交替状态比只在单相水溶液中的应力腐蚀破裂严重。

b）氧化剂。溶解氧或其他氧化剂对奥氏体不锈钢在氯化物溶液中的应力腐蚀破裂起关键作用。如果没有氧和氧化剂就不会发生破裂。

c）温度。升高温度会加速应力腐蚀破裂，产生破裂的多数合金一般破裂温度低于100℃。

c. 金属及冶金。对应力腐蚀破裂，二元和多元合金的敏感性比纯度高的金属要高。中碳钢的含碳量为 0.12wt% 时最敏感，含碳量高于或低于此值，敏感性都下降；增加铬-镍钢和铬-镍-锰钢中的含镍量，能提高其抗应力腐蚀的能力；同一成分的合金，通过不同的加工方法处理，其对应力腐蚀的敏感性也有很大的差别。

3）防护措施。

a. 降低应力。在制备或装配构件时，尽量使结构具有最小的应力集中系数，并使与介质接触的部分具有最小的残余应力。正确对构件进行热处理，使金属的组织结构状态达到设计要求。

b. 控制环境。减少和控制有害介质的量；使用有机涂层使材料表面与环境隔离，或使用对环境不敏感的金属作为敏感材料的镀层；采用阴极保护，防止应力腐蚀，不同体系具体分析。

c. 选用耐蚀材料。正确选材，尽量选择在给定环境中尚未发生过应力腐蚀断裂的材料；开发耐应力腐蚀的新材料；改善冶炼和热处理工艺，减少材料应力腐蚀敏感性。

（4）缝隙腐蚀。金属在介质中，由于金属与金属或金属与非金属之间形成特别小的缝隙，使介质处于滞留状态，引起缝隙内金属的加速腐蚀，这种局部腐蚀称为缝隙腐蚀。缝隙腐蚀如图 1 - 13 所示。

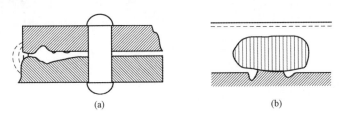

图 1 - 13　缝隙腐蚀示意图
(a) 金属间的缝隙腐蚀；(b) 金属与非金属间的缝隙腐蚀

1）原理。现在普遍为大家所接受的缝隙腐蚀机理是氧浓差电池与闭塞电池自催化效应共同作用的结果。缝隙腐蚀机理如图 1 - 14 所示，在缝隙腐蚀初期，总反应是在包括缝隙内部的整个金属表面上均匀出现，但缝隙内的 O_2 在孕育期就消耗尽了，使缝隙内溶液中的氧靠扩散补充，氧扩散到缝隙深处很困难，从而中止了缝隙内氧的阴极还原反应，使缝隙内金属表面和缝隙外自由暴露表面之间组成宏观电池。缺乏氧的缝隙内区域电位较负为阳极区，氧易到达的缝隙外区域电位较正为阴极区。结果缝隙内金属溶解，金属阳离子不断增多，这就吸引缝隙外溶液中的负离子（如 Cl^-）移向缝隙内，以维持电荷平衡。所生成的金属氯化物在水中水解成不溶的金属氢氧化物和游离酸，使缝隙内 pH 值下降，可达 $2\sim3$，加速了缝隙内金属的溶解。

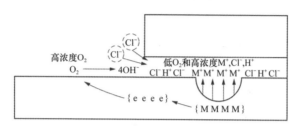

图 1-14 缝隙腐蚀机理示意图

例如，电网线路铁塔塔脚腐蚀大多属于缝隙腐蚀，塔脚与保护帽界面处由于积水最易发生腐蚀，当镀锌层开裂脱落后形成缝隙腐蚀，腐蚀进一步加剧，造成塔脚与保护帽界面处及保护帽基体严重腐蚀。铁塔塔脚腐蚀如图 1-15 所示。

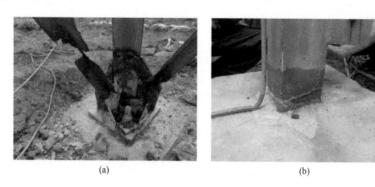

(a)   (b)

图 1-15 铁塔塔脚腐蚀

(a) 塔脚主材接近断裂；(b) 塔脚与保护帽界面发生锈蚀

2）影响因素。

a. 覆盖物。缝隙腐蚀的必要条件是有缝隙存在。金属重叠是形成缝隙的一种情况；另一种情况可能更为普遍，那就是金属表面的沉积物，如沙子、灰尘、水垢、腐蚀产物或其他固体覆盖在金属表面，并造成了积滞溶液存在的条件。

b. 缝隙的宽度。缝隙腐蚀一般出现在宽度为几十微米或更窄的缝隙处，缝隙必须有足够的宽度可使溶液进入，但也应有足够的狭度以维持一个积滞区。

c. 金属的性质。表面有耐蚀性的氧化膜或钝化膜的金属与合金对这种腐蚀较敏感。

d. 介质的性质。当有 Cl^- 时，容易发生缝隙腐蚀。

3）防护措施。

a. 设计要合理，尽量避免缝隙。

b. 焊接比铆接或螺钉连接好。

c. 钉接合结构中可采用低硫橡胶垫片，不吸水的垫片（聚四氟乙烯），或在接合面上涂以环氧、聚氨酯或硅橡胶密封膏，以保护连接处。或涂以有缓蚀剂的油漆，如对部可用加有 $PbCrO_4$ 的油漆，对铝可用加有 $ZnCrO_4$ 的油漆。

d. 实在难以解决时，改用耐缝隙腐蚀的材料。

（5）电偶腐蚀。电偶腐蚀是由两种腐蚀电位不同的金属在同一个介质中相互接触而产生的一种腐蚀，因其在两金属接触处发生，所以又称接触腐蚀或双金属腐蚀。电偶腐蚀如图 1-16 所示。

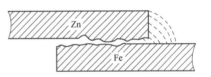

图 1-16　电偶腐蚀示意图

1）原理。在电偶腐蚀电池中，腐蚀电位较低的金属由于和腐蚀电位较高的金属接触而产生阳极极化，溶解速度增加；而电位较高的金属，由于和电位较低的金属接触而产生阴极极化，溶解速度下降，即受到了阴极保护。所以，腐蚀电位较正的金属为阴极，较负的为阳极；两者之间的腐蚀电位相差越大，腐蚀电池的驱动力越大，阳极腐蚀就越严重。

图 1-17　某变电站正母线设备 2 号
气室压力表下方法兰开裂

某变电站正母线设备 2 号气室压力表下方法兰开裂，如图 1-17 所示，其原因是法兰材质为铝，螺栓为不锈钢，铝比不锈钢的腐蚀电位较负，形成电偶腐蚀。

2）影响因素。

a. 阴、阳极面积比。阴、阳极面积比不同的连接结构如图 1-18 所示，大阴极和小阳极的情况会造成较严重的腐蚀，因为阴极电流始终等于阳极电流，阳极面积小时，其腐蚀电流密度就大，也就是腐蚀速度大。

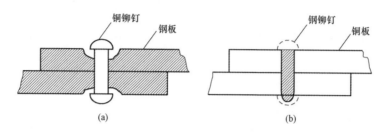

图 1-18　阴、阳极面积比不同的连接结构示意图
（a）小阴极大阳极连接结构；（b）大阴极小阳极连接结构

b. 环境影响。介质的导电性对电偶腐蚀有较大的影响，导电性越好，其腐蚀越强；如果金属完全干燥，两极之间没有电解质就不会腐蚀。

有时受环境影响，两种金属的极性会发生逆转。一般情况下，钢和锌在水溶液中成电对时，锌受腐蚀钢则受保护。但在水温超过 82℃时，极性发生逆转。这是因为温度升高，锌的腐蚀速度加快，使其表面有层明显的不溶性腐蚀产物而使电位变正。

c. 距离的影响。在靠近金属的联结处，电偶作用一般最大，离联结处距离加大时，电偶作用减小，腐蚀随之减弱，这是由于回路电阻增高。

3）防护措施。以下一些措施可用来防止或减轻电偶腐蚀，有时用一种即可，有时则需几种办法联合采用。

a. 在电偶序中相距较远的金属，尽量避免接触。如在设备设计中相互接触的材料，应注意选择，焊接时应用相同合金制作的焊条；

b. 避免小阳极大阴极的情况出现；

c. 使用涂料时应注意对涂层的维护，特别是成为阳极的部件；

d. 尽可能做到异种金属之间的绝缘；

e. 在介质中添加缓蚀剂以减轻其侵蚀性；

f. 设计设备时，应考虑阳极部件便于更换和增加厚度，以延长使用期限。

（6）磨损腐蚀。磨损腐蚀是腐蚀性流体和金属表面的相对运动引起的金属快速腐蚀，称为磨损腐蚀，简称磨蚀。磨蚀有湍流腐蚀、空泡腐蚀、微振腐蚀等几种特殊形式。本次重点介绍微振腐蚀。

微振腐蚀是指两种金属（或一种金属与另一种非金属固体）相接触的交界面在负荷的条件下，发生微小振动或往复运动而导致金属的损坏。负荷和相对运动造成金属表面内产生滑移或变形，只要有微米级的相对往复位移，就能促使微振腐蚀。

1）原理。微振腐蚀是机械磨损与氧化腐蚀的共同作用，其机理主要有两种：磨损－氧化和氧化－磨损理论，微振腐蚀如图1-19所示。磨损－氧化理论认为，两种金属表面的配合是在不绝对平整的突出点上相接触（例如，在受压条件下金属界面的冷焊），在相对运动和微振作用下接触点被破坏，形成金属碎屑而被排开，这些直径很小的碎屑在摩擦过程中因生热而氧化，随着反复相对运动的进行，金属就不断被磨损，锈屑也随之积聚。氧化－磨损理论则认为，多数金属在大气中表面生成一层薄而牢的氧化膜，在负载下相互接触的两金属表面，由于往复磨振运动，使高出点的氧化膜破裂，产生锈屑，显露的金属重新被氧化，这种过程往复进行，金属也就不断受损。

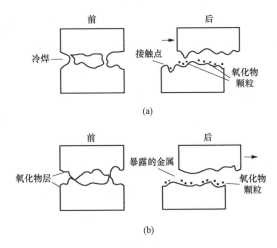

图1-19　微振腐蚀示意图

（a）磨损－氧化；（b）氧化－磨损

电网设备中的电力金具之间相互接触部位的轻微摩擦和碰撞，在腐蚀环境下常引起微振腐蚀。表面由于雨水对基体的腐蚀效应导致磨损速度加快，同时磨损产生的缺陷也使得腐蚀速度加快，腐蚀与磨损形成协同作用，加剧了腐蚀速度。电力金具腐蚀如图1-20所示。

图1-20　电力金具腐蚀

2）防护措施。

a. 采用低黏度、高韧性的油脂润滑，可减少摩擦并避免金属与氧的接触，也可以用磷酸盐涂层和润滑剂联合使用。

b. 提高一种或两种接触材料的硬度，因硬质材料耐蚀性较好。

c. 用垫片减轻振动并排除表面的氧。

d. 在金属表面涂一层暂时性的铅层，这铅层在运动过程中迅速磨掉。

e. 增大负载以减少两接触面的滑移，部件间增大相对运动以减少腐蚀。

二、电网设备腐蚀的危害

电网设备的大气和土壤腐蚀问题是影响其使用寿命及导致设备及结构突发性失效的重要原因之一。电网设备的覆盖区域广阔，所处的土壤和大气环境多样，既有高温高湿的东南沿海地区，腐蚀性极强的酸性土壤，又有西部盐渍土等恶劣环境，加之部分工业快速发展地区所带来的重工业大气污染环境，导致电网工程建设中无法根据腐蚀环境进行合理的选材和有针对性的防腐设计。

在自然环境下长期运行时腐蚀问题严重，导致大量电网设备服役寿命不足，给电网设备及人身安全造成很大的风险，且大幅增加运行维护成本。近年来，由环境腐蚀引起的电网设备材料失效事故频率呈逐年上升的趋势，如变压器穿孔漏油、气体绝缘封闭组合电器（gas insulated switchgear, GIS）漏气、箱体进水、塔材锈穿锈断、塔脚锈断、金具锈蚀脱落、导地线断股短线、接地网锈蚀断裂等，严重影响电网安全运行，甚至会造成倒塔、断线、停电跳闸等重大安全事故，造成巨大的经济损失，甚至威胁生命安全。

【案例一】某地 35kV 输电线路 2002 年投运，2017 年发现塔脚部位发生锈蚀，去除保护帽后发现界面处锈蚀严重，主材接近断裂。塔脚腐蚀情况如图 1-21 所示。

【案例二】某变电站 2020 年 1 月 17 日发现 2011 年 1 月投运的 GIS 设备腐蚀，造成开关气室漏气事件。发生腐蚀的设备为 SF_6 压力表逆止阀，所用材料为 2 系铝合金，材料中铜含量高，在温度效应的作用下形成富铜区与贫铜区间的腐蚀电池，且最严重腐蚀处无应力源存在，可判定为晶间腐蚀。GIS 设备腐蚀情况如图 1-22 所示。

图 1-21　塔脚腐蚀情况

图 1-22　GIS 设备腐蚀情况

第三节　影响电网设备腐蚀的因素

电网设备腐蚀是金属与周围环境的作用而引起的破坏。因此影响腐蚀行为的因素很多，它既与金属本身的某些因素（金属材料因素：如性质、组成、结构、表面状态、变形及应力等）有关，又与腐蚀环境（环境因素：如介质的组成、pH 值、温湿度等）有关。了解这些因素，可以帮助我们去综合电网设备的各种腐蚀问题，弄清影响腐蚀的主要因素，从而有效地采取防腐措施，做好防腐蚀工作。

一、金属材料

（一）金属的化学稳定性

金属耐腐蚀性的好坏，首先与金属的本性有关。各种金属的化学稳定性，可以近似地用金属的标准平衡电位值来评定。电位越正标志着金属的化学稳定性越高，金属离子化倾向越小，越不易受腐蚀。如铜、银和金等，电极电位很正，其化学稳定性也高，因此它们具有良好的抗腐蚀能力。而锂、钠、钾等，电极电位较负，其化学活性就高，它们的抗腐蚀性也很差。但也有一些金属，如铝，虽然其化学活性较高，由于铝的表面容易生成保护性膜，所以具有良好的耐蚀性能。

由于影响腐蚀的因素很多，而且很复杂，金属的电极电位和金属的耐蚀性之间，并不存在严格的规律性。只是在一定程度上，两者存在着对应关系，可以从金属的标准平衡电位来估计其耐蚀性的大致倾向。

（二）合金成分的影响

为了提高金属的力学性能或其他原因，电网设备使用的金属材料很少是纯金属，主要是它们的合金。合金分单相合金和多相合金两类。由于其化学成分及组织等不同，它们的耐蚀性能也各不相同。

1. 单相合金

单相固溶体合金，由于组织均一和耐蚀金属加入，所以具有较高的化学稳定性，耐蚀性较高，如不锈钢、铝合金等。

单相合金的腐蚀速度与合金含量之间有一种特殊的规律。一种金属的稳定性很低，另一种金属的稳定性高并能与前一种金属形成固溶体，其稳定性低的金属的耐蚀性并不是随稳定性高的贵金属组分的逐步加入而提高，而是当其组分的加入量达到一定比例时，耐蚀性才突然提高。根据大量的科学试验和实践总结出一条规律：对大多数单相固溶体合金来说，当贵金属组分的含量为12.5％、25％、50％（原子百分数）或为1/8、2/8、4/8（原子分数）时，合金的耐蚀性才突然提高。这条规律就称为"$n/8$"定律（n是正整数，一般为1、2、4、6）或称"稳定性台阶定律"。例如铁 - 铬合金，只有铬含量达到12.5％（或1/8）时，它在大气中以及在硝酸中的耐蚀性才会突然提高。

2. 两相或多相合金

由于各相存在化学的和物理的不均匀性，在与电解液接触时，具有不同的电位，在表面上形成腐蚀微电池，所以一般来说，它比单相合金容易腐蚀。常用的普通钢、铸铁就是如此。但也有耐蚀的多相合金，如硅铸铁、硅铅合金等，它们虽然是多相，耐蚀性却很高。

腐蚀速度与各组分的电位、阴阳极的分布和阴阳极的面积比例均有关。各组分之间的电位差越大，腐蚀的可能性越大。若合金中阳极以夹杂物形式存在且面积很小时，则这种不均匀性不会长期存在。阳极首先溶解，使合金获得单相，因此对腐蚀不产生显著影响。当阴极相以夹杂物形式存在，合金的基底是阳极，则合金受到腐蚀，且阴极性夹杂物分散性越大则腐蚀越强烈。如果在晶粒边界有较小的阴极性夹杂物时，就会产生晶间腐蚀。倘若金属中阳极相可以钝化，那么阴极相的存在有利于阳极的钝化而使腐蚀速度降低，例如铸铁在消酸中就比钢耐蚀。此外，在金属表面，由于腐蚀而能生成紧密、不溶性的，与金属结合牢固的保护膜时，则阴极分散性越大，就越能形成均匀的膜而减轻腐蚀，普通钢在稀碱液中耐蚀就是一例。

另外，杂质能够加速金属的腐蚀，很纯的金属耐蚀性高于工业材料。如纯的、光洁的锌，在很纯的盐酸中腐蚀很小，但它们的工业品则腐蚀迅速。总之，纯金属的耐蚀性能好，但由于价格昂贵，一般情况下强度也低，所以工业上很少用。

（三）金相组织与热处理的影响

金相组织与热处理有很密切的关系。金相组织虽然与金属及合金的化学成分有关，但是当合金的成分一定时，那些随着加热和冷却能够进行物理转变的合金，由于热处理可以产生不同的金相组织。因此，合金的化学成分及热处理决定了合金的组织，而后者的变化又影响了合金的耐蚀性能。

例如，马氏体不锈钢在退火状态，由于大量的碳化铬（$Cr_{23}C_6$）的存在，使铁素体中含铬量降低，因而耐蚀性能最差。在淬火状态，碳化铬全部溶解于马氏体中，因而组织均匀，耐蚀性能提高。回火过程中，碳化物沉淀析出，又使耐蚀性有所降低。

（四）金属表面状态的影响

在大多数情况下，加工粗糙不光滑的表面比磨光的金属表面易受腐蚀。所以金属擦伤、缝隙、穴窝等部位，通常都是腐蚀源，因为深洼部分，氧的进入要比表面部分少，结果深洼部分便成为阳极，表面部分成为阴极，产生浓差电池而引起腐蚀。粗糙表面可使水滴凝结，因而易产生大气腐蚀。特别是处在易钝化条件下的金属，精加工的表面生成的保护膜要比粗加工表面的膜致密均匀，故有更好的保护作用。另外粗糙的金属表面，实际表面积大，因而极化性能小，所以设备的加工表面总以光洁平滑一些为好。

（五）变形及应力的影响

在制造设备的过程中，由于金属受到冷、热加工（如拉伸、冲压、焊接等）而变形，并产生很大的内应力，这样腐蚀过程不仅加速，而且在许多场合下，还能产生应力腐蚀破裂。对应力腐蚀破裂有影响的主要是拉应力，因为拉应力会引起金属晶格的扭曲而降低金属的电位，破坏金属表面上的保护膜。在裂缝发展过程中，若有外加机械作用，则此应力便集中在裂缝处，所以拉应力在腐蚀破裂中的作用很大。而压应力对金属腐蚀破裂不但不产生促进作用，而且可以减小拉应力的影响。因此，生产上有的用锻打喷丸的方法处理焊缝，就是给金属表面上造成压应力，来降低腐蚀破裂的倾向。

二、环境

（一）介质 pH 值对腐蚀的影响

介质的 pH 值变化，对腐蚀速度的影响是多方面的。如对于腐蚀系统中，阴极过程为氢离子的还原过程，则 pH 值降低（即氢离子浓度增加）时，一般来说，有利于过程的进行，从而加速了金属的腐蚀。另外 pH 值的变化又会影响到金属表面膜的溶解度和保护膜的生成，因而也会影响到金属的腐蚀速度。

介质的 pH 值对金属的腐蚀速度影响大致可分为三类：

第一类为电极电位较正，化学稳定性高的金属，如铂、金等，pH 值对其影响很小。

第二类为两性金属，如锌、铝、铅等。因为它们表面上的氧化物或腐蚀产物，在酸性和碱性溶液中都是可溶的，所以不能生成保护膜，腐蚀速度也就较大。只有在中性溶液（pH 值接近 7 时）的范围内，才具有较小的腐蚀速度。

第三类为铁、镍、镉、镁等，其金属表面上生成的保护膜，溶于酸而不溶于碱。

但也有例外，如铝在 pH 值为 1 的硝酸中，铁在浓硫酸中也是耐蚀的，这是因为在这种氧化性很强的硝酸和浓硫酸中，这些金属表面生成了致密的保护膜，所以我们对于具体的腐蚀体系，必须要进行具体分析，才能得出正确的结论。

（二）介质的成分及浓度的影响

1. 电解液成分和浓度对金属腐蚀的影响

多数金属在非氧化性酸中（如盐酸），随着浓度的增加，腐蚀加剧。而在氧化性酸中（如硝酸、浓硫酸），则随着浓度的增加，腐蚀速度有一个最高值。当浓度增大到一定数值以后，再增加浓度，金属表面就生成了保护膜，使腐蚀速度反而减小。

金属铁在稀碱溶液中，腐蚀产物为金属的氢氧化物，它们是不易溶解的，对金属有保护作用，使腐蚀速度减小。如果碱的浓度增加或温度升高时，则氢氧化物溶解，金属的腐蚀速度就增大。

对于中性盐溶液（如氯化钠），随浓度增加，腐蚀速度也存在一个最高值。这是因为在中性盐溶液中，大多数金属腐蚀的阴极过程是氧分子的还原。因此腐蚀速度与溶解氧有关，开始时，由于盐浓度增加，溶液导电性增大，加速了电极过程，腐蚀速度也增大。但当盐浓度达到一定数值后，随盐浓度增加氧在其中的溶解量减少，使腐蚀速度反而降低。

2. 盐类溶液的性质对腐蚀的影响

非氧化性酸性盐类，如氯化镁水解时能生成相应的无机酸，引起金属的强烈腐蚀。中性及碱性盐类的腐蚀性要比酸性盐小得多，这些盐类对金属的腐蚀主要是靠氧的去极化。氧化性盐类如重铬酸钾，有钝化作用，可阻滞金属的腐蚀，通常称为缓蚀剂，但缓蚀剂必须用量得当，若浓度不够反而加速腐蚀。

3. 阴离子的影响

在许多介质中，金属腐蚀速度还和阴离子的特性有关。在硫酸、盐酸等酸中，通过对一些金属腐蚀的研究，有力地证明了金属在溶解过程中，阴离子参加了反应，且通常在 OH^- 离子（或水分子）存在时，对腐蚀速率有大的加速影响，这就解释了为什么某些强酸腐蚀性更强。在增加金属溶解的速率方面，不同阴离子具有下列顺序：

$$NO_3^- < CH_3COO^- < Cl^- < SO_4^{2-} < ClO_4^{2-}$$

另外，铁在卤化物溶液中腐蚀速度依次为：

$$I^- < Br^- < Cl^- < F^-$$

4. 氧对腐蚀速度的影响

氧是一种去极化剂，能加速金属的腐蚀过程，实际上，多数情况是氧去极化引起的腐蚀，氧的存在也能显著增加金属在酸中的腐蚀速度。

氧也可能阻止某些腐蚀，促进改善保护膜产生钝化，因此氧对腐蚀有双重作用。但一般情况下，氧加速腐蚀的作用较为突出。

（三）介质的温度及温差、湿度及水分对腐蚀的影响

环境温度及温差对大气腐蚀速度有一定的影响，水分主要对土壤腐蚀的影响很大。具体影响详见本章第二节所述。

第二章 标 准 与 规 定

第一节 电网腐蚀与防护标准

一、腐蚀分级

腐蚀分级相关标准见表 2-1。

表 2-1 腐蚀分级相关标准

	序号	标准号	标准名称
国家 标准	1	GB/T 19292.1—2018	《金属和合金的腐蚀 大气腐蚀性 第 1 部分：分类、测定和评估》
	2	GB/T 19292.2—2018	《金属和合金的腐蚀 大气腐蚀性 第 2 部分：腐蚀等级的指导值》
	3	GB/T 19292.3—2018	《金属和合金的腐蚀 大气腐蚀性 第 3 部分：影响大气腐蚀性环境参数的测量》
	4	GB/T 19292.4—2018	《金属和合金的腐蚀 大气腐蚀性 第 4 部分：用于评估腐蚀性的标准试样的腐蚀速率的测定》
	5	GB/T 39637—2020	《金属和合金的腐蚀 土壤环境腐蚀性分类》
行业 标准	6	DL/T 1554—2016	《接地网土壤腐蚀性评价导则》
企业 标准	7	Q/GDW 12015—2019	《电力工程接地材料防腐技术导则》

二、设备本体材料

输变电设备本体材料相关标准见表 2-2。

表 2-2   输变电设备本体材料相关标准

	序号	标准号	标准名称
国家标准	1	GB/T 467—2010	《阴极铜》
	2	GB/T 470—2008	《锌锭》
	3	GB/T 699—2015	《优质碳素结构钢》
	4	GB/T 700—2006	《碳素结构钢》
	5	GB/T 706—2016	《热轧型钢》
	6	GB/T 1173—2013	《铸造铝合金》
	7	GB/T 1176—2013	《铸造铜及铜合金》
	8	GB/T 1196—2017	《重熔用铝锭》
	9	GB/T 1220—2007	《不锈钢棒》
	10	GB/T 1591—2018	《低合金高强度结构钢》
	11	GB/T 2040—2017	《纯铜板》
	12	GB/T 2059—2017	《铜及铜合金带材》
	13	GB/T 2529—2012	《导电用铜板和条》
	14	GB/T 3190—2020	《变形铝及铝合金化学成分》
	15	GB/T 3280—2015	《不锈钢冷轧钢板和钢带》
	16	GB/T 3077—2015	《合金结构钢》
	17	GB/T 3953—2009	《电工圆铜线》
	18	GB/T 3956—2008	《电缆的导体》
	19	GB/T 4171—2008	《耐候结构钢》
	20	GB/T 5231—2022	《加工铜及铜合金　牌号和化学成分》
	21	GB/T 5584—2020	《电工用铜、铝及其合金扁线》
	22	GB/T 5585—2018	《电工用铜、铝及其合金母线》
	23	GB/T 8162—2018	《结构用无缝钢管》
	24	GB/T 9438—2013	《铝合金铸件》
	25	GB/T 9440—2010	《可锻铸铁件》
	26	GB/T 13793—2016	《直缝电焊钢管》
	27	GB/T 19850—2013	《导电用无缝铜管》
	28	GB/T 20878—2007	《不锈钢和耐热钢　牌号及化学成分》
	29	GB/T 24588—2019	《不锈弹簧钢丝》

续表

	序号	标准号	标准名称
行业标准	30	YB/T 124—2017	《铝包钢绞线》
	31	YB/T 5004—2012	《镀锌钢绞线》
	32	YS/T 454—2003	《铝及铝合金导体》
	33	YS/T 615—2018	《导电用铜棒》
企业标准	34	Q/GDW 11717—2017	《电网设备金属技术监督导则》
	35	Q/GDW 12015—2019	《电力工程接地材料防腐技术导则》
	36	Q/GDW 12016.1—2019	《电网金属材料选用导则　第1部分：通用要求》
	37	Q/GDW 12016.2—2019	《电网金属材料选用导则　第2部分：变压器》
	38	Q/GDW 12016.3—2019	《电网金属材料选用导则　第3部分：开关设备》
	39	Q/GDW 12016.4—2019	《电网金属材料选用导则　第4部分：无功补偿设备》
	40	Q/GDW 12016.5—2021	《电网设备金属材料选用导则　第5部分：架空输电线路》
	41	Q/GDW 12016.6—2019	《电网金属材料选用导则　第6部分：电力电缆》

三、设备防腐材料

输变电设备/材料相关标准见表2-3。

表2-3　　　　　　　　　输变电设备/材料相关标准

	序号	标准号	标准名称
国家标准	1	GB/T 2314—2018	《电力金具通用技术条件》
	2	GB/T 2694—2018	《输电线路铁塔制造技术条件》
	3	GB/T 3428—2012	《架空绞线用镀锌钢线》
	4	GB/T 8923.1—2011	《涂覆涂料前钢材表面处理　表面清洁度的目视评定　第1部分：未涂覆过的钢材表面和全面清除原有涂层后的钢材表面的锈蚀等级和处理等级》
	5	GB/T 8923.2—2008	《涂覆涂料前钢材表面处理　表面清洁度的目视评定　第2部分：已涂覆过的钢材表面局部清除原有涂层后的处理等级》
	6	GB/T 9793—2012	《热喷涂　金属和其他无机覆盖层　锌、铝及其合金》

	序号	标准号	标准名称
国家标准	7	GB/T 9797—2005	《金属覆盖层 镍＋铬和铜＋镍＋铬电镀层》
	8	GB/T 9798—2005	《金属覆盖层 镍电沉积层》
	9	GB/T 9799—2011	《金属及其他无机覆盖层钢铁上经过处理的锌电镀层》
	10	GB/T 13912—2020	《金属覆盖层 钢铁制件热浸镀锌层 技术要求及试验方法》
	11	GB/T 19355.1—2016	《锌覆盖层 钢铁结构防腐蚀的指南和建议 第1部分：设计与防腐蚀的基本原则》
	12	GB/T 19355.2—2016	《锌覆盖层 钢铁结构防腐蚀的指南和建议 第2部分：热浸镀锌》
	13	GB/T 28699—2012	《钢结构防护涂装通用技术条件》
	14	GB/T 30790—2014	《色漆和清漆 防护涂料体系对钢结构的防腐蚀保护》
	15	GB/T 31296—2014	《混凝土防腐阻锈剂》
	16	GB/T 32119—2015	《海洋钢铁构筑物复层矿脂包覆防腐蚀技术》
	17	GB/T 33953—2017	《钢筋混凝土用耐蚀钢筋》
	18	GB/T 37181—2018	《钢筋混凝土腐蚀控制工程全生命周期通用要求》
	19	GB 50046—2018	《工业建筑防腐蚀设计规范》
	20	GB 50205—2020	《钢结构工程施工质量验收标准》
	21	GB 50212—2014	《建筑防腐蚀工程施工规范》
	22	GB/T 50224—2018	《建筑防腐蚀工程施工质量验收标准》
	23	GB/T 10123—2022	《金属和合金的腐蚀 术语》
	24	GB/T 16545—2015	《金属和合金的腐蚀 腐蚀试样上腐蚀产物的清除》
行业标准	25	DL/T 248—2012	《输电线路杆塔不锈钢复合材料耐腐蚀接地装置》
	26	DL/T 284—2021	《输电线路杆塔及电力金具用热浸镀锌螺栓与螺母》
	27	DL/T 646—2021	《输变电钢管结构制造技术条件》
	28	DL/T 768.7—2012	《电力金具制造质量 钢铁件热镀锌层》
	29	DL/T 1114—2009	《钢结构腐蚀防护热喷涂（锌、铝及合金涂层）及其试验方法》
	30	DL/T 1312—2013	《电力工程接地用铜覆钢技术条件》

续表

	序号	标准号	标准名称
行业标准	31	DL/T 1315—2013	《电力工程接地装置用放热焊剂技术条件》
	32	DL/T 1342—2014	《电气接地工程用材料及连接件》
	33	DL/T 1424—2015	《电网金属技术监督规程》
	34	DL/T 1425—2015	《变电站金属材料腐蚀防护技术导则》
	35	DL/T 1453—2015	《输电线路铁塔防腐蚀保护涂装》
	36	DL/T 1457—2015	《电力工程接地用锌包钢技术条件》
	37	DL/T 1532—2016	《接地网腐蚀诊断技术导则》
	38	DL/T 1554—2016	《接地网土壤腐蚀性评价导则》
	39	DL/T 1667—2016	《变电站不锈钢复合材料耐腐蚀接地装置》
	40	DL/T 2049—2019	《电力工程接地装置选材导则》
	41	DL/T 2055—2019	《输电线路钢结构腐蚀安全评估导则》
	42	DL/T 2094—2020	《交流电力工程接地腐蚀技术规范》
	43	DL/T 5394—2021	《电力工程地下金属构筑物防腐技术导则》
	44	DL/T 5358—2006	《水电水利工程金属结构设备防腐蚀技术规程》
	45	HG/T 4770—2014	《电力变压器用防腐涂料》
	46	JB/T 8177—1999	《绝缘子金属附件热镀锌层通用技术条件》
企业标准	47	Q/GDW 674—2011	《输电线路铁塔防护涂料》
	48	Q/GDW 1781—2013	《交流电力工程接地腐蚀技术规范》
	49	Q/GDW 11137—2013	《输变电工程钢构件热浸镀锌铝镁稀土合金镀层技术条件》
	50	Q/GDW 11138—2013	《输变电钢构件热喷涂锌铝镁稀土合金防腐涂层技术要求》
	51	Q/GDW 11717—2017	《电网设备金属技术监督导则》
	52	Q/GDW 12015—2019	《电力工程接地材料防腐技术导则》
	53	Q/GDW 12129—2021	《电网大气腐蚀等级分布图绘制规范》
管理规定	54	设备技术〔2019〕81号	《电网输变配电设备防腐技术》
	55	设备技术〔2022〕24号	《电网设备土壤防腐指导意见》
	56	国家电网设备〔2020〕536号	《电网大气腐蚀等级分布图》

四、检测类

输变电设备/材料腐蚀防护涉及的检测类相关标准见表2-4。

表2-4　　　　输变电设备/材料腐蚀防护涉及的检测类相关标准

	序号	标准号	标准名称
国家标准	1	GB/T 223 系列标准	《钢铁及合金化学分析方法》
	2	GB/T 351—2019	《金属材料电阻系数测量方法》
	3	GB/T 1720—2020	《漆膜划圈试验》
	4	GB/T 1771—2007	《色漆和清漆　耐中性盐雾性能的测定》
	5	GB/T 1839—2008	《钢产品镀锌层质量试验方法》
	6	GB/T 4334—2020	《金属和合金的腐蚀　奥氏体及铁素体－奥氏体（双相）不锈钢晶间腐蚀试验方法》
	7	GB/T 4336—2016	《碳素钢和中低合金钢　多元素含量的测定　火花放电原子发射光谱法（常规法）》
	8	GB/T 4955—2005	《金属覆盖层　覆盖层厚度测量　阳极溶解库仑法》
	9	GB/T 4956—2003	《磁性基体上非磁性覆盖层　覆盖层厚度测量　磁性法》
	10	GB/T 4957—2003	《非磁性基体金属上非导电覆盖层　覆盖层厚度测量　涡流法》
	11	GB/T 5121—2008	《铜及铜合金化学分析方法》
	12	GB/T 5210—2006	《色漆和清漆　拉开法附着力试验》
	13	GB/T 6462—2005	《金属和氧化物覆盖层　厚度测量　显微镜法》
	14	GB/T 7998—2005	《铝合金晶间腐蚀测定方法》
	15	GB/T 7999—2015	《铝及铝合金光电直读发射光谱分析方法》
	16	GB/T 9286—2021	《色漆和清漆　漆膜的划格试验》
	17	GB/T 10125—2021	《人造气氛腐蚀试验　盐雾试验》
	18	GB/T 11170—2008	《不锈钢多元素含量的测定　火花放电原子发射光谱法（常规法）》
	19	GB/T 11344—2021	《无损检测　超声测厚》
	20	GB/T 12599—2002	《金属覆盖层　锡电镀层　技术规范和试验方法》
	21	GB/T 12966—2022	《铝及铝合金电导率涡流测试方法》
	22	GB/T 13298—2015	《金属显微组织检验方法》
	23	GB/T 13452.2—2008	《色漆和清漆　漆膜厚度的测定》
	24	GB/T 13825—2008	《金属覆盖层　黑色金属材料热镀锌层　单位面积质量称量法》
	25	GB/T 13912—2020	《金属覆盖层　钢铁制件热浸镀层技术要求及试验方法》

续表

序号	标准号	标准名称
26	GB/T 14203—2016	《火花放电原子发射光谱分析法通则》
27	GB/T 15749—2008	《定量金相测定方法》
28	GB/T 15970.1—2018	《金属和合金的腐蚀 应力腐蚀试验 第1部分：试验方法总则》
29	GB/T 15970.7—2017	《金属和合金的腐蚀 应力腐蚀试验 第7部分：慢应变速率试验》
30	GB/T 16921—2005	《金属覆盖层 厚度测量 X射线光谱法》
31	GB/T 19746—2018	《金属和合金的腐蚀 盐溶液周浸试验》
32	GB/T 20975—2020	《铝及铝合金化学分析方法》
33	GB/T 22639—2022	《铝合金产品的剥落腐蚀试验方法》
34	GB/T 25746—2010	《可锻铸铁金相检验》
35	GB/T 26042—2010	《锌及锌合金分析方法 光电发射光谱法》
36	GB/T 26491—2011	《5×××系铝合金晶间腐蚀试验方法 质量损失法》
37	GB/T 31364—2015	《能量色散X射线荧光光谱仪主要性能测试方法》
38	GB/T 31563—2015	《金属覆盖层 厚度测量 扫描电镜法》
39	GB/T 31935—2015	《金属和合金的腐蚀 低铬铁素体不锈钢晶间腐蚀试验方法》
40	GB/T 32571—2016	《金属和合金的腐蚀 高铬铁素体不锈钢晶间腐蚀试验方法》
41	GB/T 32791—2016	《铜及铜合金导电率涡流测试方法》
42	GB/T 33883—2017	《7×××系铝合金应力腐蚀试验 沸腾氯化钠溶液法》
43	GB/T 34209—2017	《不锈钢 多元素含量的测定 辉光放电原子发射光谱法》
44	GB/T 36164—2018	《高合金钢 多元素含量的测定 X射线荧光光谱法（常规法）》
45	GB/T 36174—2018	《金属和合金的腐蚀 固溶热处理铝合金的耐晶间腐蚀性的测定》
46	GB/T 36226—2018	《不锈钢锰、镍、铬、钼、铜和钛含量的测定手持式能量色散X射线荧光光谱法（半定量法）》

国家标准

续表

	序号	标准号	标准名称
行业标准	47	DL/T 991—2006	《电力设备金属光谱分析技术导则》
	48	DL/T 1114—2009	《钢结构腐蚀防护热喷涂（锌、铝及合金涂层）及其试验方法》
	49	YS/T 482—2005	《铜及铜合金分析方法　光电发射光谱法》
	50	YS/T 585—2013	《铜及铜合金板材超声波探伤方法》
	51	YS/T 814—2012	《黄铜制成品应力腐蚀试验方法》
	52	YB/T 5362—2006	《不锈钢在沸腾氯化镁溶液中应力腐蚀试验方法》
企业标准	53	Q/GDW 11718.1—2017	《电网设备金属质量检测导则　第 1 部分：导体镀银部分》

第二节　主要标准介绍

一、国家标准

1. GB/T 19292—2018《金属和合金的腐蚀　大气腐蚀性》系列标准

GB/T 19292—2018《金属和合金的腐蚀　大气腐蚀性》系列标准分为以下 4 个部分：GB/T 19292.1—2018《金属和合金的腐蚀　大气腐蚀性　第 1 部分：分类测定和评估》、GB/T 19292.2—2018《金属和合金的腐蚀　大气腐蚀性　第 2 部分：腐蚀等级的指导值》、GB/T 19292.3—2018《金属和合金的腐蚀　大气腐蚀性　第 3 部分：影响大气腐蚀性环境参数的测量》、GB/T 19292.4—2018《金属和合金的腐蚀　大气腐蚀性　第 4 部分：用于评估腐蚀性的标准试样的腐蚀速率的测定》。

（1）GB/T 19292.1—2018 为大气环境的腐蚀性建立一个分类体系。该部分根据标准试样第一年的腐蚀速率定义大气环境的腐蚀性分类；根据计算所得标准金属第一年的腐蚀失重给出用于腐蚀性等级规范性评估的剂量－响应函数；使基于当地环境状况认知进行腐蚀性等级资料性评估成为可能。该部分规定了金属和合金大气腐蚀的关键因素，包括温度－湿度的综合作用、二氧化硫污染和空气中盐污染。温度同样被认为是温带气候区腐蚀的一个重要因素。可根据

潮湿时间评估温度 - 湿度的综合影响。其他污染物（包括臭氧、氮化物、颗粒物）的腐蚀作用会影响腐蚀性和估算的一年腐蚀失重，但这些因素在基于本部分的腐蚀性评估中不是决定性因素。该部分不适用于特殊环境的大气腐蚀性，如化学或冶金工业大气。腐蚀性等级和污染水平可以直接用于腐蚀破坏的技术和经济分析，以及腐蚀防护措施的合理选择。

（2）GB/T 19292.2—2018 规定了金属和合金在户外自然大气环境中暴晒 1 年以上的腐蚀指导值。该部分与 GB/T 19292.1—2018 结合使用，指导值给出了标准结构材料的腐蚀速率，这些数据可用于工程计算，指导值规定了标准金属每个腐蚀性等级的技术内容。

（3）GB/T 19292.3—2018 规定了用于腐蚀评价的环境参数的测定方法，利用这些参数对 GB/T 19292.1—2018 中大气腐蚀性进行分类。该部分规定的环境参数的测定方法适用于：基于标准试样第一年腐蚀速率的规范性腐蚀评价；基于暴露环境特征的资料性腐蚀评价。

（4）GB/T 19292.4—2018 规定了用于确定标准试样腐蚀速率的方法。这些测量值（暴露第一年的腐蚀速率）将作为 GB/T 19292.1—2018 评估大气腐蚀性的分类依据。也可用于 GB/T 19292.1—2018 范围以外的大气腐蚀的资料性评价。

2. GB/T 39637—2020《金属和合金的腐蚀　土壤环境腐蚀性分类》

该标准规定了土壤环境腐蚀性的分类、基于金属标准试样腐蚀速率的土壤环境腐蚀性分类及基于土壤环境数据的腐蚀性评估。该标准适用于对一般土壤环境腐蚀性的分类和评估，不适用于对特殊土壤环境腐蚀性的分类和评估，如存在明显的交直流干扰的土壤环境、存在明显区域不均匀性土壤环境和其他化学物质污染的局部土壤环境。

通过对金属和合金在土壤环境中腐蚀行为机理的深入研究并建立科学的土壤腐蚀测试与评价体系，该分类及评估方法主要涵盖了基于碳钢、锌、铜、铝标准试样第 1 年腐蚀速率或土壤环境理化性质（土壤电阻率、氧化还原电位、自然腐蚀电位、土壤 pH 值、土壤质地、土壤含水率、土壤含盐量、土壤 Cl 含量）的两种土壤腐蚀性分类方法。通过该方法对土壤环境中的腐蚀性分类进行快速、可靠的分析与评估，进而指导抗腐蚀性工程项目的选择、设计、维护、失效预防等过程。

二、行业标准

1. DL/T 1424—2015《电网金属技术监督规程》

该标准规定了电网金属技术监督的内容和要求，适用于下列 750kV 及以下电压等级变电站和输电线路中设备及部件的金属技术监督：

（1）电气类设备金属部件，主要指变压器、断路器、隔离开关、气体绝缘金属封闭开关设备、开关柜、接地装置等设备的金属部件。

（2）结构支撑类设备，包括输电线路角钢塔、钢管塔（杆）、环形混凝土电杆、变电站构架、设备支架、避雷针、支柱绝缘子等及其附属结构件。

（3）连接类设备，包括架空导地线（含架空地线光缆）、电缆、母线、悬垂线夹、耐张线夹、设备线夹、T 型线夹、接续金具、连接金具和接触金具、保护金具、母线金具、悬式绝缘子等及其附属件。

2. DL/T 1425—2015《变电站金属材料腐蚀防护技术导则》

该标准规定了变电站金属材料的防腐蚀设计、制造及安装质量检验，以及运行维护、检修的防腐蚀技术要求。该标准适用于自然大气环境下变电站金属材料的防腐蚀选材，同样适用于防护涂镀层、金属构件耐蚀性能评价，以及巡检维护。

3. DL/T 1453—2015《输电线路铁塔防腐蚀保护涂装》

该标准规定了输电线路铁塔的腐蚀评估要求，以及防腐蚀保护涂装的技术要求、检验要求、试验方法、安全、卫生和环境保护要求。该标准适用于新建和在役铁塔在设计、制造、安装、运维各阶段的防腐蚀保护涂装相关工作；适用于以下涂装工艺形成的金属涂层和非金属涂层：热浸镀、热喷涂及其封闭涂料层、涂料涂装。

4. DL/T 1554—2016《接地网土壤腐蚀性评价导则》

该标准规定了接地网土壤腐蚀性单指标评价、多指标评价及土壤腐蚀试验评价方法等。该标准适用于电力系统中发电厂、变电站的交流钢质接地网土壤腐蚀性评价。其他埋地金属的土壤腐蚀性评价可参照执行。

三、国家电网有限公司企业标准

1. Q/GDW 11717—2017《电网设备金属技术监督导则》

该标准规定了杆塔、构架、电力金具、变压器、电抗器、断路器、隔离开关、接地开关、互感器、气体绝缘金属封闭式电气设备、开关柜、绝缘子、套管、导地线、接地网、附属部件等电网设备金属技术监督的范围、项目、内容及相应的要求。该标准适用于 10kV 及以上电网设备部件的金属技术监督。

2. Q/GDW 12015—2019《电力工程接地材料防腐技术规范》

为规范交流电力工程接地材料防腐技术，提高接地材料防腐质量及接地装置使用寿命，制定该标准。该标准规定了交流电力工程接地材料防腐蚀的设计、施工、验收和运行维护的要求，适用于交流电力工程的接地装置金属材料的防腐蚀。

3. Q/GDW 12016—2021《电网设备金属材料选用导则》系列标准

为规范电网设备金属材料的选用，提高电网设备运行的安全性和可靠性，制定该系列标准。本系列标准分为 6 个部分：Q/GDW 12016.1—2019《电网金属材料选用导则 第 1 部分：通用要求》、Q/GDW 12016.2—2019《电网金属材料选用导则 第 2 部分：变压器》、Q/GDW 12016.3—2019《电网金属材料选用导则 第 3 部分：开关设备》、Q/GDW 12016.4—2019《电网金属材料选用导则 第 4 部分：无功补偿设备》、Q/GDW 12016.5—2021《电网设备金属材料选用导则 第 5 部分：架空输电线路》、Q/GDW 12016.6—2019《电网金属材料选用导则 第 6 部分：电力电缆》。该系列标准规定了变压器、开关设备、无功补偿设备、架空输电线路、电力电缆金属材料选用原则、一般要求和主要试验项目及方法。适用于变压器、开关设备、无功补偿设备、架空输电线路、电力电缆的设计、采购、制造、安装、验收、运维检修。

4. Q/GDW 12129—2021《电网大气腐蚀等级分布图绘制规范》

为规范电网大气腐蚀等级分布图的绘制方法，规定绘制原则和技术规则，制定该标准。该标准规定了电网大气腐蚀等级的划分、大气腐蚀等级分布图的绘制、修订，适用于电网大气腐蚀等级分布图的绘制。

第三章 检 测 技 术

电网设备腐蚀与防护性能的检测能有效评估电网设备部件（材料）的防腐能力，对于新入网设备，可以有效杜绝不符合腐蚀相关要求的设备入网，促进供应商规范材料选用；对于在役设备，有助判断设备腐蚀状态，预测设备使用寿命，支撑设备运维检修部门制定并落实设备防腐能力提升措施。最终实现电网设备防腐能力的全面提升，进一步提高电网设备可靠性。

第一节 一 般 性 能

一般性能检测作为电网设备腐蚀防护检测的基础，主要从材料表面质量和规格尺寸等方面开展具体检验检测，检测内容包括外观质量检测、尺寸检测、防腐涂层厚度检测、防腐镀层厚度检测等内容。

一、外观质量检测

（一）检测对象与检测设备

外观质量检测主要针对电网设备用金属材料及合金、防腐涂层、防腐镀层、防腐油脂开展。外观质量检测方法一般为目视宏观检测，必要时开展渗透检测。

目视宏观检测的检测设备主要有放大镜、读数显微镜、光泽度计、色差仪等。其中放大镜、读数显微镜等目视检测辅助工具应符合 GB/T 20968—2007《无损检测 目视检测辅助工具 低倍放大镜的选用》的规定；光泽度计应符合 GB/T 9754—2007《色漆和清漆 不含金属颜料的色漆漆膜的 20°、60°和 85°镜面光泽的测定》的规定；色差仪应符合 GB 11186.1—1989《漆膜颜色的测量方法 第一部分：原理》和 GB/T 3979—2008《物体色的测量方法》的规定。

渗透检测的主要器材为渗透剂、清洗剂（去除剂）、显像剂，其性能等级应符合 GB/T 18851.2—2005《无损检测 渗透检测 第 2 部分：渗透材料的检验》的规定。

（二）检测一般要求

（1）外观质量检测通常采用目视方法在设备现场开展。在需要对样品的光泽度、色差等进行细致区分时，采用光泽度计和色差仪等进行具体检测；需要对表面开口缺陷的数量、尺寸等进行进一步确认时，依据 GB/T 18851.1—2012《无损检测 渗透检测 第 1 部分：总则》采用渗透检测的方法进行辅助检测。

（2）对细小缺陷进行鉴别时，可使用符合标准规定的放大镜、读数显微镜等目视辅助设备。如观察、测量混凝土电杆表面裂纹状态时，需要使用读数显微镜进行辅助观察和测量。

（3）目视检测时，眼睛与被检工件表面的距离不得大于 600mm，视线与被检工件表面所成的夹角不应小于 30°，并宜从多个角度对工件进行观察。

（4）接受检测的特定工件部件、材料或其区域，若需要，应使用辅助照明设备进行照明，一般目视检测最低光照度不应低于 160lx，局部目视检测最低光照度不应低于 540lx。

（5）电网设备型式试验、出厂试验、到货验收、运维检修等阶段均可按要求进行外观质量检测。

（三）典型设备部件外观质量检测案例

1. 导地线外观质量检测

根据标准 GB/T 1179—2017《圆线同心绞架空导线》和 YB/T 5004—2012《镀锌钢绞线》，导地线需要通过目视方法开展外观质量检测。

检测内容包括：导地线表面有无目力可见的缺陷，如明显的划痕、压痕等；导地线有无与良好的商品不相称的任何缺陷，如导地线压扁、散股等；热浸镀锌钢丝表面锌层是否均匀、连续、光滑，是否存在裂纹和漏镀等影响镀锌钢丝使用性能的表面缺陷。

【案例一】某线路工程新入网镀锌钢绞线表面存在划痕，导致耐腐蚀性能下降，如图 3 - 1 所示。

2. 铁塔塔材外观质量检测

根据标准 GB/T 2694—2018《输电线路铁塔制造技术条件》和 DL/T

646—2021《输变电钢管结构制造技术条件》，铁塔塔材外观质量需要满足一定要求，具体如下。

塔材镀锌层表面应连续完整，并具有实用性光滑，不应有过酸洗、起皮、漏镀、结瘤、积锌和锐点等使用上有害的缺陷，镀锌颜色一般呈灰色或暗灰色。塔材不得有明显缺损或变形，塔材用原材料钢材表面不得有裂缝、折叠、结疤、夹杂、重皮缺陷。

【**案例二**】某变电工程构支架杆件表面镀锌层在运输过程中产生多处破损，且镀锌层破损边缘存在凸起。如图 3-2 所示。该杆件外观质量不满足要求，已在工程建设过程中进行退换货。

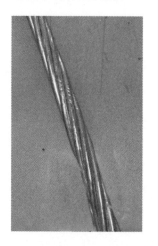 

图 3-1 镀锌钢绞线表面存在划痕   图 3-2 杆件外观质量不满足要求

焊缝外观质量应满足以下要求：

（1）焊缝外观应达到：外形均匀、成型较好，焊道与焊道、焊缝与基体金属间圆滑过渡。影响镀锌质量的焊缝缺陷应进行修磨或补焊，且补焊的焊缝应与原焊缝间保持圆滑过渡。

（2）当焊缝外观出现下列情况之一时，应进行表面缺陷无损检测：

1）外观检查发现裂纹时，应对该批中同类焊缝进行 100％ 的表面无损检测；

2）外观检查怀疑有裂纹时，应对怀疑的部位进行表面无损检测；

3）设计图纸规定进行表面无损检测时。

（3）焊缝外观质量应符合表 3-1 的规定。

表 3-1　　　　　　　　　　焊缝外观质量检验要求

项目	焊缝等级及相应缺陷限值①/mm		
	一级	二级	三级
未焊满（指不足设计要求）	不允许	≤0.2+0.02t②且≤1.0	≤0.2+0.04t且≤2.0
		每100mm焊缝内缺陷总长小于或等于15.0	
根部收缩	不允许	≤0.2+0.02t且≤1.0	≤0.2+0.04t且≤2.0
		长度不限	
咬边③	不允许	深度≤0.05t且0.5；连续长度≤100且焊缝两侧咬边总长≤10%焊缝全长	深度≤0.1t且≤1.0，长度不限
裂纹	不允许		
弧坑裂纹	不允许		允许存在个别≤5.0的弧坑裂纹
电弧擦伤	不允许		允许存在个别电弧擦伤
飞溅	清除干净		
接头不良	不允许	缺口深度≤0.05t且≤0.5	缺口深度≤0.1t且≤1.0
		每1000mm焊缝不得超过1处	
表面夹渣	不允许		深≤0.3t，长≤0.5t且≤20
气孔	不允许		每50mm焊缝内允许存在直径≤0.4t且≤3.0的气孔2个；气孔孔距≥6倍孔径
焊瘤	不允许		

① 除注明角焊缝缺陷外，其余均为对接，角接焊缝则通用。

② t为连接处较薄的管或板的厚度。

③ 咬边如经磨削修整并平滑过渡，则按焊缝最小允许厚度值评定。

【案例三】某线路工程塔材焊缝表面存在裂纹，且出现局部锈蚀情况，如图3-3所示。

3. 变压器防腐涂层外观质量检测

根据 DL/T 1424—2015，需对变压器油箱、储油柜、散热器等壳体应开展

图 3-3　塔材焊缝表面开裂、腐蚀

防腐涂层外观质量检测。

检测内容包括：涂层应满足设备当地腐蚀环境要求；涂层表面应平整、均匀一致，无漏涂、起泡、裂纹、气孔和返锈等现象，允许轻微橘皮和轻微流挂。

橘皮是指漆膜表面呈现许多半圆形凸起，形如橘子皮，如图 3-4（a）所示。流挂指涂料在被涂物的竖直面自上而下流动，使漆膜表面产生不均匀的流痕或下边缘较厚的现象，如图 3-4（b）所示。

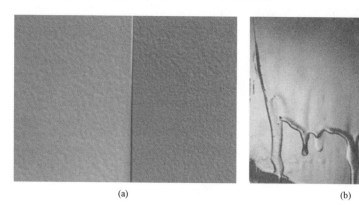

(a)　　　　　　　　　　　　　(b)

图 3-4　漆膜表面橘皮与流挂示意图

(a) 橘皮；(b) 流挂

二、尺寸检测

（一）检测对象与检测设备

尺寸检测主要针对电网设备用部件进行规格检查，塔材、螺栓螺母、接地材料、开关柜柜体、户外密闭箱体、焊缝应进行尺寸检测。

检测设备主要有卷尺、游标卡尺、千分尺、超声测厚仪等。其中卷尺应符合 QB/T 2443—2011《钢卷尺》的规定；游标卡尺应符合 GB/T 21389—2008《游标、带表和数显卡尺》、GB/T 21388—2008《游标、带表和数显深度卡尺》的规定；千分尺应符合 GB/T 1216—2018《外径千分尺》的规定；超声测厚仪应符合 GB/T 11344—2021《无损检测　超声测厚》的规定。

（二）检测一般要求

（1）尺寸检测一般在外观质量检测合格后进行。

（2）电网设备型式试验、出厂试验、到货验收、运维检修等阶段均可按要求进行尺寸检测。

（3）读数时应严格按照仪器对应标准执行。

（4）结果确认时应注意核对检测对象的测量值与产品标准规定的尺寸偏差值，避免误判。

（三）典型仪器操作方法

在电网设备腐蚀与防护的尺寸检测中，一般以游标卡尺和超声波测厚仪两种仪器为主。下面分别就两种仪器的操作做简要说明。

（1）游标卡尺的操作过程。

1）使用之前，检查游标卡尺的零刻度是否对齐，刻度是否清晰可见。数显卡尺显示度数是否稳定、无闪烁，是否可在任意点至零，快速移动尺框回零是否正确。

2）在测量之前应把量爪的两内侧面和检测对象擦拭干净，不应有油渍、灰尘，以减小误差和避免损失游标卡尺。注意先对零后测量。

3）检测前用手指轻轻推动游标，使其沿尺子来回移动，手感平稳，不应有阻滞或松动。

4）将检测对象放入游标卡尺量爪的两侧面内，推压副尺框。读取游标上的主尺（刻线间距为1mm）与副尺（刻线间距为0.98mm）上的刻度。

a. 普通游标：在主尺上读出副尺零线以左的刻度，该刻度为整数部分。在副尺上一定有一条刻度与主尺刻度对齐，该刻度就是度数的小数部分。副尺读数也可通过计算格数与0.02mm的乘积得到。

b. 带表卡尺：表内显示的度数就是该测量数据的小数部分。整数部分同上。

c. 数显卡尺可以直接从屏幕上读取数值。

d. 测量内孔用"内测量爪"度数方法同上。

e. 测量工件深度时，将卡尺尾部插入零件内部，旋紧紧固旋钮，然后读出刻度值。

5）检测对象较大时应放在平整面上测量。

6）校准和鉴定。游标卡尺的测量精度由计量单位进行定期校验，并出具合格有效的校验证书。送计量单位进行校准与鉴定周期为12个月。

7）用后擦净上油，放入专用盒内，置于干燥处。

（2）超声波测厚仪的操作过程。

1）检查超声波测厚仪、耦合剂、标准试块等是否完好、齐全，并开机，完成仪器自检。

2）采用标准试块对超声波测厚仪进行校准，测量标准试块不少于 3 次，3 次检测数据的重复性应不大于 5%，超出时，重新校准所有原始参数。

校准具体过程为：采用和被检件材料相同的试块，仪器上选择所选探头的探头型号，并输入待测材料声速，选择合适的耦合剂（耦合剂有机油、化学糨糊、甘油、水玻璃、黄油等，不允许以水作为耦合剂）涂于标准试块上，进入仪器校准界面，将探头置于试块上，使测厚仪显示读数，并调整读数（部分仪器自动调整）至标准试块厚度。

校准过后根据待测件厚度，选择接近的试块测试，测厚仪显示读数接近已知值（误差建议不超过 5%），则校准完毕。

3）根据待测样品的材质，按说明书中该材质对应的声速调整设备，如待测试件的材质与标准试块相近，可不进行此项操作。

4）在样品上选择适当测点，清除试件中待测部位表面的异物，并在测点位置处涂上耦合剂。

5）将测厚仪探头垂直并紧贴检测部位施加一定压力（20～30N），并排出多余的耦合剂，保证探头与被测件之间有良好的耦合，读取并记录检测结果。

6）被检测粗糙表面时在直径 30mm 圆内做多点测量，把显示的最小值作为测量结果。

7）检测完成后，需将样品表面测点位置的耦合剂擦拭干净。

【案例四】某线路工程钢管杆厚度实测 8.5mm，图纸要求 14mm，厚度不合格，如图 3-5 所示。塔材厚度不满足要求会导致杆塔腐蚀余量较小，缩短其安全使用寿命。

三、防腐涂层厚度检测

（一）检测对象与检测设备

电网用金属结构件多采用碳钢、铝合金等材料，如变压器壳体采用碳钢制造，但由于碳钢等材料易于在潮湿的空气中腐蚀，需要在变压器表面刷涂油漆进行防腐。

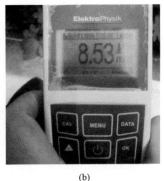

(a)　　　　　　　　　　　(b)

图 3-5　杆塔塔材厚度不合格

(a) 杆塔实物；(b) 厚度测量值

防腐涂层厚度检测一般针对电网设备用防腐涂层开展。使用磁性或涡流式的涂覆层测厚仪开展检测，仪器参数、性能等应符合 JJG 818—2018《磁性、电涡流式覆层厚度测量仪》和 JB/T 13939—2020《无损检测仪器　涡流测厚仪》的规定。

（二）检测一般要求

（1）检测时构件的表面不应有结露。防腐涂层干膜厚度的检测应在涂层干燥后进行。

（2）防腐涂层厚度检测，应经外观检查合格后进行。

（3）同一构件应至少检测 5 处，每处应检测 3 个相距 50mm 的测点。测点部位的涂层应与基体附着良好。

（4）使用涂层测厚仪检测时，应避免电磁干扰。

（5）被测构件的曲率半径应符合仪器的使用要求。在弯曲构件的表面上测量时，应考虑其对测试准确度的影响。

（6）磁性测厚仪使用前应用校准标准片进行校准或采用比较法进行校准。

（三）涂覆层测厚仪操作方法

电网设备用防腐涂层以油漆为主，其厚度的检测一般均使用涂覆层测厚仪（简称涂层测厚仪）开展。涂层测厚仪按工作原理分为磁性法涂层测厚仪和涡流法涂层测厚仪。其中，磁性法主要适用于磁性基体金属上的非磁性覆盖层的厚度检测；涡流法主要适用于非磁性基体金属上的非导电覆盖层的厚度检测。

随着技术的发展，新型涂层测厚仪往往集成了磁性法和涡流法涂层测厚仪的功能，能够适用于绝大部分涂覆层厚度的检测。下面以集成式的涂层测厚仪为例介绍涂层厚度检测简要步骤。

（1）查询被检测试件的设备类型、型号规格、生产厂家、同批次同类型设备的数量。

（2）根据基材选择是磁性模式（Fe）还是非磁性模式（NFe），或选择自动识别基体模式。

（3）检测前仪器用校准片对仪器进行校准。

（4）被检测试件表面应清洁，无油漆、油污、腐蚀物等。被检测试件不满足上述要求时，应对被检测试件进行清洁处理。

（5）测试时，测试点应均匀分布，仪器探头应垂直接触被测物的测量区域表面，仪器的探头要与被测物接触并压实。

（6）每测量一次后将仪器拿起，离开被测物 10cm 以上，再进行下一点的测量。

（7）对于金属结构件防腐涂层厚度的检测，建议检测到每一个接触腐蚀介质的面，每面应至少检测 5 个位置（四个角部和中心位置），对于外观检查有疑问的地方应重点检测。有机防腐涂层干膜厚度测量值应满足表 3 - 2 的要求。

表 3 - 2 金属结构件有机防腐涂层干膜厚度要求

有机防腐涂层设计使用年限 t/年	金属结构件有机防腐涂层最小干膜厚度/μm				
	C2	C3	C4	C5	CX
$2 \leqslant t < 5$	120	140	160	180	200
$5 \leqslant t < 10$	160	180	200	220	240
$10 \leqslant t < 15$	200	220	240	260	280
$t \geqslant 15$	280	300	320	340	360

注 铝合金表面的干膜厚度不应小于 90μm。

四、防腐镀层厚度检测

（一）检测对象与检测设备

防腐镀层主要是通过在金属表面镀锌、镀银、镀锡等手段增加设备（部件）的耐腐蚀能力。镀锌层厚度的检测主要使用涂覆层测厚仪开展，镀银层的检测主要使用 X 射线荧光光谱仪开展。其中，涂覆层测厚仪应符合 JB/T 8393

的规定，X 射线荧光光谱仪应符合 GB/T 31364—2015《能量色散 X 射线荧光光谱仪主要性能测试方法》的规定。其他类似于金相法、称重法等防腐镀层厚度检测方法本部分不做详细介绍。

（二）检测一般要求

（1）使用不同防腐镀层检测方法测出的厚度，取决于覆盖层材料、覆盖层厚度、基体和使用的仪器设备，应按 GB/T 6463—2005《金属和其他无机覆盖层厚度测量方法评述》的规定根据样品情况选择适合的镀层厚度检测方法和检测仪器。

（2）防腐镀层局部厚度及平均厚度的测量应符合 GB/T 12334—2001《金属和其他非有机覆盖层　关于厚度测量的定义和一般规则》的规定。

（3）使用 X 射线检测仪器时，应注意辐射防护。

（4）电网设备型式试验、出厂试验、到货验收、运维检修等阶段均可按要求进行防腐镀层厚度检测。

（三）常规防腐镀层厚度测量方法

1. 采用涂覆层测厚仪测量镀锌层厚度

涂覆层测厚仪测量镀锌层厚度的方法基本与采用涂覆层测厚仪测量防腐涂层厚度防腐一致。但需要注意：变电站接地体涂覆层、输变电设备构支架、10kV 跌落式熔断器铁件不应少于 12 个测量点，测试结果按各测试点所测的数据以算术平均值计算；螺栓、螺母应在端面及六角棱面选择不少于 5 个测量点，测试结果按各测试点所测的数据以算术平均值计算。

2. 采用手持式光谱仪测量触头镀银层厚度

（1）查询被检测试件的设备类型、型号规格、生产厂家、同批次同类型设备的数量。

（2）被检测试件表面应清洁，无油漆、油污、腐蚀物等。被检测试件不满足上述要求时，应对被检测试件进行清洁处理。

（3）测点的部位应包括触头的接触面，触头的接触尺寸以制造厂家的图纸标准为准，如无法提供接触面的相关图纸，则认为整个触头均为接触面，并标记测点位置。

（4）根据光谱分析结果确定被检试件表面镀层的材质。

（5）检测时应将检测窗口垂直紧贴被测试样，并在整个检测过程中保持该状态。

（6）应打开仪器的摄像头功能，保证镀层区域完全覆盖检测窗口。

（7）开始测量。测时每个接触面镀层至少测三次，每次检测时间不低于15s，测试数据取最小值。

3. 采用台式荧光镀层测厚仪测量触头镀银层厚度

（1）查询被检测试件的设备类型、型号规格、生产厂家、同批次同类型设备的数量。

（2）被检测试件表面应清洁，无油漆、油污、腐蚀物等。被检测试件不满足上述要求时，应对被检测试件进行清洁处理。

（3）每次开机后应用标准片进行仪器校准。

（4）测点的部位应包括触头的接触面，触头的接触尺寸以制造厂家的图纸标准为准，如无法提供接触面的相关图纸，则认为整个触头均为接触面。按表3-3的要求设定测点，并标记测点位置。

表 3-3 测点设定要求

长度	长宽比	测点布置
≤12	<3	每 2cm² 至少有一检测点，总检测点数量不得小于 3
	≥3	每 $L/4$ 处至少有一检测点，单个触头总检测点数量不得不小于 3
>12	<3	每 4cm² 至少有一检测点
	≥3	每 $L/8$ 处至少有一检测点，单个触头总测点数量不得不小于 6

注 1 长度 L 为接触面最长部分长度，宽度为接触面最短部分长度。

2 一个触头由多组单触头组成的，每个单触头单独计。

3 接触面是曲面的，长度 L 指沿曲面的最长线性长度，宽度指沿曲面的最短线性长度。

（5）检测前应确认实验环境是否达到要求，温度 20℃±5℃；相对湿度小于 75%RH。

（6）根据光谱分析结果确定被检试件表面镀层的材质。

（7）根据镀层情况，选择相应的产品程式。

（8）将试件置于工作台后应放平，调整其位置并聚焦清晰。并保证样品放置后不会影响 X 射线荧光到达探测器。

（9）聚焦完毕，开始测量。单镀层测量时间不少于15s，双镀层测量时间不少于30s。

图 3-6 塔材镀锌层
厚度不合格

【案例五】某线路工程钢管杆镀锌层厚度实测62μm 左右，厚度不合格，如图 3-6 所示。该塔材镀锌层厚度不满足标准要求的局部最小值 $70\mu m$ 的要求，防腐蚀能力较差。

第二节 理 化 性 能

为了有效提高电网设备用金属材料、镀层材料、涂层材料等材料的腐蚀防护治疗，需对电网设备用金属及合金材料、涂覆层材料、金属及合金覆盖层、涂层等应进行相应的理化性能检验，理化性能检测包括成分检测、金相（显微）组织检验、表面粗糙度检测、硬度检验、附着力/结合力检测、疲劳性能检测、拉伸性能检测和耐磨性检测等

一、成分检测

对于电网设备用金属及合金材料、涂覆层材料应进行成分检测，成分检测主要是利用被检材中原子（或离子）发射的特征线光谱，或者某些分子（或基团）所发射的特征带光谱的波长和强度，来检测元素的存在及其含量的方法。

（一）检测手段

金属材料成分检测应使用便携式直读光谱仪或台式直读光谱仪，在实验室内开展检测时可优先选用台式直读光谱仪。

金属材料及其镀层材料成分宜使用便携式 X 射线荧光光谱仪进行现场检测。

（二）检测设备

便携式、台式直读光谱仪的构成及要求应符合 GB/T 14203—2016《火花放电原子发射光谱分析法通则》的规定。

（便携式）X 射线荧光光谱仪应符合 GB/T 31364 的规定。

（三）检测方法

1. 检测依据

（1）对于碳素钢和中低合金钢中元素成分检测时，应按 GB/T 4336—2016《碳素钢和中低合金钢 多元素含量的测定 火花放电原子发射光谱法（常规法）》的规定执行。

（2）对于不锈钢中元素成分检测时，应按 GB/T 11170—2008《不锈钢

多元素含量的测定　火花放电原子发射光谱法（常规法）》的规定执行。

（3）对于采铝及铝合金中元素成分检测时，应按 GB/T 7999—2015《铝及铝合金光电直读发射光谱分析方法》的规定执行。

（4）对于锌及锌合金中元素成分检测时，应按 GB/T 26042—2010《锌及锌合金分析方法　光电发射光谱法》的规定执行。

（5）对于镍基合金中元素成分检测时，应按 GB/T 38939—2020《镍基合金　多元素含量的测定　火花放电原子发射光谱分析法（常规法）》的规定执行。

（6）对于铜及铜合金中元素成分检测时，应按 YS/T 482—2005《铜及铜合金分析方法　光电发射光谱法》的规定执行。

（7）对于镁及镁合金中元素成分检测时，应按 GB/T 13748.21—2009《镁及镁合金化学分析方法　第 21 部分：光电直读原子发射光谱分析方法测定元素含量》的规定执行。

（8）对于钢铁中元素成分检测时，应按 GB/T 223.79—2007《钢铁　多元素含量的测定　X‐射线荧光光谱法（常规法）》的规定执行。

2. 检测前准备

（1）了解被检部件的名称、材料牌号、热处理状态、规格和用途等；

（2）检查被检材料和环境是否存在影响分析结果的因素（如镀层、油漆、油污等），并采取必要的防范措施。

（3）根据委托方的检验要求和被检材料的情况，编制分析方案，确定分析条件。

3. 被检材料的处理

（1）被检材料的分析面应为平整面，其分析面应符合光谱仪操作说明书的要求。

（2）分析铁基、镍基、钴基和钛基材料时，分析面可用砂轮片或砂纸打磨处理。

（3）分析铝元素时，分析面不应使用含铝的磨料打磨处理。

（4）分析硅元素时，分析面不应使用硅砂轮打磨处理。

（5）分析碳元素时，分析面不应使用含碳的磨料打磨处理。

（6）分析铜基、铝基材料时，分析面不应使用砂轮片打磨，宜用车床或铣床加工处理，处理时可用无水乙醇冷却、润滑。

（7）被检材料处理后，分析面应为金属光泽，肉眼检查不得有裂纹、疏松、腐蚀、氧化和油污等。

（8）定量分析时，不应用手触摸被检材料的分析面。

4. 检测要求

（1）甄别金属材料的合金成分时，宜做半定量分析（或定性分析）；对于未知牌号的被检材料进行验证，在被检材料条件符合要求的情况下，应做定量分析。

（2）应定期对光谱仪进行曲线漂移校正，校正按仪器操作说明书规定进行。

（3）当元素的分析值超出被检材料牌号规定的含量范围。

5. 记录与报告

成分检测记录与报告应包含以下内容：

（1）工程名称、部件名称；

（2）材料牌号、热处理状态、规格及数量；

（3）执行标准、验收规范；

（4）仪器型号、分析条件、环境条件；

（5）分析位置及标记；

（6）分析级别、分析结果及评定；

（7）分析人员、审核人员及签名；

（8）检验机构及检验日期；

（9）报告编号。

（四）检测时机及方式

电网设备的成分检测时机应在型式试验、出厂试验、到货验收和运维检修等阶段进行，检测方式为抽检，同时对于检测结果不符合相关标准规定的，应扩大检测比例。

二、金相（显微）组织检测

金相（显微）组织检验主要是采用定量金相学原理，运用二维金相试样磨面或薄膜的金相显微组织的测量和计算来确定合金组织的三维空间形貌，从而建立合金成分、组织和性能间的定量关系。

（一）检测手段

电网设备用金属及合金材料应进行金相（显微）组织检测。检测试样截取的方向、部位、数量应根据金属制造的方法、检验目的、相关标准或双方协议的规定执行。同时待检样品表面质量、取样位置及镶嵌状态应满足检测要求。

（二）检测设备

金相显微镜应符合 JB/T 10077—1999《金相显微镜》的规定。

（三）检测方法

1. 检测依据

（1）金属材料的金相（显微）组织检测应按 GB/T 13298—2015《金属显微组织检验方法》的规定执行。

（2）电触头材料金相（显微）组织检测应按 GB/T 26871—2011《电触头材料金相试验方法》的规定执行。

（3）铝及铝合金金相（显微）组织检测应按 GB/T 3246.1—2012《变形铝及铝合金制品组织检验方法　第1部分：显微组织检验方法》的规定执行。

（4）镁及镁合金金相（显微）组织检测应按 GB/T 4296—2022《变形镁合金显微组织检验方法》的规定执行。

2. 检测前准备

（1）金相检验人员应经过相应的专业技能培训，具备金相检验和评定的能力；

（2）了解被检部件的名称、材料牌号、热处理状态、规格和用途等；

（3）金相试样应具有代表性，试样的截取应根据金属的制造方法、检验目的、相关标准的规定进行；

（4）在不易或不适合取样的部位，以及取样会影响到部件完整性的情况时，宜采用现场金相检验进行检验；

（5）金相检验人员应掌握相关安全防护知识，防止制样设备、危险化学品造成人身伤害，避免造成环境污染。

3. 微观金相检验

金相试样要求能够表征材料本身的特征，同时要求组织清晰、边缘平整。

（1）对于取样试样的制备，要求其按照 GB/T 13298—2015 的要求执行；同时每道砂纸研磨工序之间及抛光后，试样均应清洗干净；浸蚀后的金相表面在彻底清洗后应迅速吹干。

（2）对于现场试样的制备，应选在运行温度较高、应力较大、部件损伤程度严重或者容易出现缺陷的部位，或者依据检验方案来选择检验部位。

1）检测部位的氧化皮、锈垢、脱碳层等需彻底清除，要求得到较平整的表面，同时打磨的深度应保证部件的剩余厚度不小于部件的最小需要壁厚。

2）抛光可采用机械抛光、化学抛光和电解抛光等，其中机械抛光时，研磨膏粒度宜选用 $2.5\mu m$；化学抛光时，应选择与材料相适应的化学抛光试剂，持续反复擦拭试样表面，抛光时间不宜过长，避免蚀坑的出现；电解抛光时，选择与材料相适应的电解抛光试剂、电流、电压和抛光时间；最后，抛光完成后应彻底清洗抛光面，不能有水渍和污染物残留。

3）试样浸蚀后应将浸蚀面清洗吹干，不能有水渍和污染物残留，应能够用便携式金相显微镜观察得到清晰的组织形貌。

（3）金相显微镜观察有明场照明和暗场照明等方式的选择，对于制备好的试样在金相显微镜下用合适的倍数金相观察、检验与分析，一般先用 50～100 倍对整个试样金相观察，再用高倍对细节处进行观察。其中：

1）如微裂纹、空隙、氧化皮形貌及其厚度、内外壁表面腐蚀坑、非金属夹杂物评定、石墨化建议、涂层和镀层的厚度等特征检验宜在抛光状态下进行；

2）如基体显微组织及其球化、老化评定、游离渗碳体、低碳变形珠光体、带状组织、魏氏组织、铁素体、变形层、涂层、镀层、氧化皮、腐蚀坑、微裂纹、脱碳层和晶粒度等组织和形貌特征检验宜在浸蚀后进行；

（4）图像采集时应根据检验区域或者显微组织特征要求选择合适的放大倍数，并在采集的图像上加注明显的标尺。

4. 分析与评定

（1）组织的常规分析与评定。

1）游离渗透体、低碳变形珠光体、带状组织、魏氏组织评定的方法应按照 GB/T 13299—2022《钢的游离渗碳体、珠光体和魏氏组织的评定方法》的要求执行；

2）石墨化评定应按照 DL/T 786—2001《碳钢石墨化检验及评级标准》的要求执行；

3）脱碳层检验应按照 GB/T 224—2019《钢的脱碳层深度测定法》的要求执行；

4）平均晶粒度检验应按照 GB/T 6394—2017《金属平均晶粒度测定方法》的要求评定；

5）当非金属夹杂物的形态、分布及级别检验应按照 GB/T 10561—2005《钢中非金属夹杂物含量的测定标准评级图显微检验法》的要求执行；

6）氧化皮、涂层、镀层等厚度的测量应按照 GB/T 6462—2005《金属和氧化物覆盖层 厚度测量 显微镜法》的要求执行。

（2）显微组织的老化评定。

1）将制备好的试样在金相显微镜下用高倍数（一般为 500～1000 倍）进行观察、评定；

2）评定显微组织老化应综合考虑部件的服役时间、使用温度、应力及原始显微组织状态；

3）显微组织老化的两个基本特征为显微组织形态特征变化和晶内、晶界碳化物分布形态及尺寸变化，一般为 5 级；

4）显微组织老化级别评定时，在同一检查面所选择的视场数应不少于 3 个。

5. 记录与报告

金相（显微）组织检测记录与报告应包含以下内容：

（1）工程名称、部件名称、取样部位及其状态；

（2）样品编号、材料牌号、热处理状态及规格；

（3）执行标准、验收规范；

（4）使用仪器的名称及型号；

（5）浸蚀剂；

（6）分析级别、分析结果及评定；

（7）记录/报告编号、日期；

（8）检验人员、审核人员签字。

（四）检测时机及方式

电网设备的金相（显微）组织检测时机应在型式试验、出厂试验和到货验收等阶段进行，检测方式为抽检，同一类设备、同一类材质金属抽检一次，对于检测结果不符合相关标准规定的，应扩大检测比例。

三、表面粗糙度检测

表面粗糙度测量主要是通过将表面粗糙度比较样块根据视觉和触觉与被测表面比较，判断被测表面粗糙度相当于哪一数值，或测量其反射光强变化来评定表面粗糙度。

（一）检测手段

对于电网设备表面结构应进行表面粗糙度检测。在有易燃易爆物品的环境工作时应采取相应的防护措施。

对于样品粗糙度明显优于或劣于规定值，或因存在明显影响表面功能的缺陷，可采用目视检查法。对于目视检查不能作出判定时，可采用与粗糙度比较样块进行触觉和视觉比较的方法。

对于表面粗糙度要求严格的设备（部件）应采用触针式表面粗糙度测量仪器测量其表面粗糙度。

（二）检测设备

用于测量表面粗糙度的设备应符合 GB/T 6062—2009《产品几何技术规范（GPS）表面结构 轮廓法 接触（触针）式仪器的标称特性》的要求。

（三）检测方法

1. 检测依据

（1）目视检查。对于粗糙度与规定值相比明显地好或者明显地不好，或者因为存在明显影响表面功能的缺陷，没必要用更精确的方法来检验的工作表面，采用目视法检查。

（2）比较检查。如果用比较法检验不能作为判定，可采用与粗糙度比较样块进行触觉和视觉比较的方法。

（3）测量。如果用比较法检验不能作出判定，应根据目视检查结果，在被测表面上最有可能出现极值的部位进行测量。

2. 参数测定

（1）在取样长度上定义的参数。

1）仅由一个取样长度测得的数据计算出参考值的一次测定；

2）把所有按单个取样长度算出的参考值，取算术平均求得一个平均参数的测定。

（2）在评定长度上定义的参数。对于在评定长度上定义的参数：P_t、R_t 和 W_t，参考值的测定是由在评定长度［取 GB/T 1031—2016《产品几何技术规范（GPS）表面结构　轮廓法　表面粗糙度参数及其数值》规定的评定长度缺省值］上的测量数据计算得到的。

（3）曲线及相关参数。对于曲线及相关参数的测定，首先以评定长度为基础求解这曲线，再利用这曲线上测得的数据计算出某一参数数值。

3. 测得值与公差极限值相比较的规则

（1）被检特征的区域。被检验工件各个部位的表面结构，可能呈现均匀一致状况，也可能差别很大，这点通过目测表面就能看出，在表面结构看来均匀的情况下，应采用整体表面上测得的参数值与图样上的规定值相比较。

当参数的规定值为上限值时，应在几个测量区域中选择可能会出现最大参数的区域测量。

（2）16％规则。

1）当参数的规定值为上限值时，如果所选参数在同一评定长度上的全部实测值中，大于图样中规定值的个数不超过实测值总数的 16％，则该表面合格；

2）当参数的规定值为下限值时，如果所选参数在同一评定长度上的全部实测值中，小于图样中规定值的个数不超过实测值总数的 16％，则该表面合格。

（3）最大规则。检验时，若参数的规定值为最大值，则在被检表面的全部区域内测得的参数值一个也不应超过图样中的规定值。

（4）测量不确定度。为了验证是否符合技术要求，将测得参数值和规定公称极限进行比较时，应根据 GB/T 18779.1—2002《产品几何量技术规范（GPS）工件与测量设备的测量检验　第 1 部分：按规范检验合格或不合格的判定规则》中的规定，把测量不确定度考虑进去。

4. 参数评定

表面结构参数不能用来描述表面缺陷，因此在检验表面结构时，不应把表面缺陷，如划痕、气孔等考虑进去。必须采用表面结构参数的一组测量值，其中的每组数值是在一个评定长度上测得的。

而对于被检表面是否符合技术要求判定的可靠性，以及由同一表面获得的表面结构参数平均值的精度取决于获得表面参数的评定长度内取样长度的个数，同时也取决于表面的测量次数。

测量的次数越多，评定长度越长，则判定被检表面是否符合要求的可靠性越高，测量参数平均值的不确定度也越小。

（四）检测时机及方式

电网设备的表面粗糙度检测时机应在型式试验、出厂试验和到货验收等阶段进行，检测方式为抽检，同一类设备、同一类材质金属抽检一次，对于检测结果不符合相关标准规定的，应扩大检测比例。

四、硬度检测

所谓硬度，就是材料抵抗更硬物压入其表面的能力。根据试验方法和适应范围的不同，硬度单位可分为布氏硬度、维氏硬度、洛氏硬度、显微维氏硬度等许多种，不同的单位有不同的测试方法，适用于不同特性的材料或场合。

（一）检测手段

对于电网设备用金属及合金材料、涂覆层材料应进行硬度检测。其中待检样品表面质量及固定状态应满足检测要求

（二）检测设备

（1）实验室用布氏硬度计应符合 GB/T 231.1—2018《金属材料　布氏硬度试验　第 1 部分：试验方法》的要求。

（2）便携式布氏硬度计应符合 DL/T 1719—2017《采用便携式布氏硬度计检验金属部件技术导则》的规定。

（3）洛氏硬度计应符合 GB/T 230.1—2018《金属材料　洛氏硬度试验　第 1 部分：试验方法》的规定。

（4）维氏硬度计应符合 GB/T 4340.2—2009《金属维氏硬度试验　第 2 部分：硬度计的检验》的规定。

（5）里氏硬度计应符合 GB/T 17394.2—2022《金属材料　里氏硬度试验　第 2 部分：硬度计的检验与校准》的规定。

（三）检测方法

1. 检测依据

（1）实验室检测材料布氏硬度应按 GB/T 231.1—2018 的规定执行。

（2）现场检测材料布氏硬度应按 DL/T 1719—2017 的规定执行。

（3）检测材料维氏硬度应按 GB/T 4340.1—2009《金属材料　维氏硬度试验　第1部分：试验方法的规定执行》。

（4）检测材料里氏硬度应按 GB/T 17394.1—2014《金属材料　里氏硬度试验　第1部分：试验方法》的规定执行。

（5）检测材料洛氏硬度应按 GB/T 230.1—2018 的规定执行。

（6）检测色漆和清漆硬度应按 GB/T 6739—2006《色漆和清漆　铅笔法测定漆膜硬度》的规定执行。

2. 记录与报告

硬度检测记录与报告应包含以下内容：

（1）工程名称、部件名称、取样部位及其状态；

（2）样品编号、材料牌号、热处理状态及规格；

（3）执行标准、有关试样的详细描述；

（4）使用仪器的名称及型号；

（5）试验温度；

（6）分析级别、分析结果及评定；

（7）记录/报告编号、日期；

（8）影响试验结果的各种细节；

（9）检验人员、审核人员签字。

（四）检测时机及方式

电网设备的硬度检测时机应在型式试验、出厂试验和到货验收等阶段进行，检测方式为抽检，同一类设备、同一类材质金属抽检一次，对于检测结果不符合相关标准规定的，应扩大检测比例。

五、附着力/结合力检测

镀层的结合强度（附着力）是指镀层与基体结合力的大小，即单位表面积的镀层从基体（或中间涂层）上剥落下来所需的力。镀层与基体的结合强度是镀层性能的一个重要指标。若结合强度小，轻则会引起镀层寿命降低，过早失效，重则易造成镀层局部起鼓包，或镀层脱落（脱皮）无法使用。

（一）检测手段

对于电网设备用金属及合金覆盖层、涂层等应进行附着力/结合力检测。其中样品的制取应满足 GB/T 1720—2020《漆膜划圈试验》、GB/T 5210—2006《色漆和清漆　拉开法附着力试验》的要求且具有代表性。

划格附着力不适用于干膜总厚度大于 $250\mu m$ 的涂层或有纹理的涂层。

在有易燃易爆物品的环境工作时应采取相应的防护措施。

（二）检测设备

（1）漆膜划圈试验仪应符合 GB/T 1720—2020 的规定。

（2）拉开法试验设备应符合 GB/T 5210—2006 的规定。

（3）划格附着力测试仪器应符合 GB/T 9286—2021《色漆和清漆　划格试验》的规定。

（三）检测方法

（1）漆膜划圈附着力试验应按 GB/T 1720—2020 的规定执行。

（2）拉开法附着力试验应按 GB/T 5210—2006 的规定执行。

（3）划格附着力应按 GB/T 9286—2021 的规定执行。

（4）钢构件热镀锌层附着力应按 GB/T 2694—2018 中附录 B 的规定执行或相似方法实施。

（5）紧固件镀层附着力应按 GB/T 5267.3—2008《紧固件　热浸镀锌层》中附录 E 的规定执行。

（6）镀银层结合强度检测应首选热震试验，按 SJ/T 11110—2016《银电镀层规范》的规定执行。

（四）检测时机及方式

电网设备的附着力/结合力检测时机应在型式试验、出厂试验和到货验收等阶段进行，检测方式为抽检，同一类设备、同一类材质金属抽检一个，对于检测结果不符合相关标准规定的，应扩大检测比例。

六、疲劳检测

在足够大的交变应力作用下，于金属构件外形突变或表面刻痕或内部缺陷等部位，都可能因较大的应力集中引发微观裂纹。分散的微观裂纹经过集结沟通将形成宏观裂纹。已形成的宏观裂纹逐渐缓慢地扩展，构件横截面逐步削弱，当达到一定限度时，构件会突然断裂。金属因交变应力引起的上述失效现象，称为金属的疲劳。

金属疲劳试验是指通过金属材料实验测定金属材料的对称疲劳极限（σ_{-1}），绘制材料的应力 - 寿命（S - N）曲线，进而观察疲劳破坏现象和断口特征，进而学会对称循环下测定金属材料疲劳极限的方法。

（一）检测手段

电网设备用金属及合金材料应进行疲劳性能检测。应根据需要开展的疲劳试验内容，按 GB/T 6398—2017《金属材料　疲劳试验　疲劳裂纹扩展方法》、GB/T 33812—2017《金属材料　疲劳试验　应变控制热机械疲劳试验方法》、GB/T 12443—2017《金属材料　扭矩控制疲劳试验方法》、GB/T 4337—2015《金属材料　疲劳试验　旋转弯曲方法》制取相应试样，并选择合适夹具和试验机。同时在开展疲劳试验时应做好防飞溅措施，避免人身伤害。

（二）检测设备

（1）纯弯曲疲劳试验机应符合 JB/T 9374—2015《纯弯曲疲劳试验机　技术条件》的规定。

（2）轴向加荷疲劳试验机应符合 GB/T 25917.1—2019《单轴疲劳试验系统　第 1 部分：动态力校准》的规定。

（3）拉压疲劳试验机应符合 JB/T 9397—2013《拉压疲劳试验机　技术条件》的规定。

（4）高频疲劳试验机应符合 JB/T 5488—2015《高频疲劳试验机》的规定。

（三）检测方法

（1）疲劳裂纹扩展试验应按 GB/T 6398 的规定执行。

（2）应变控制热机械疲劳试验应按 GB/T 33812 的规定执行。

（3）扭矩控制疲劳试验应按 GB/T 12443 的规定执行。

（4）旋转弯曲试验应按 GB/T 4337 的规定执行。

（5）轴向力控制疲劳试验应按 GB/T 3075—2008《金属材料　疲劳试验　轴向力控制方法》的规定执行。

（四）检测时机及方式

电网设备的疲劳检测时机应在型式试验阶段进行，检测方式为抽检，同一类设备、同一类材质金属抽检一次，对于检测结果不符合相关标准规定的，应扩大检测比例。

七、拉伸性能检测

强度通常是指材料在外力作用下抵抗产生弹性变形、塑性变形和断裂的能力。塑性是指金属材料在载荷作用下产生塑性变形而不致破坏的能力，常用的塑性指标是延伸率和断面收缩率。拉伸试验是指在承受轴向拉伸载荷下测定材料特性的试验方法，可测定材料的一系列强度指标和塑性指标。

（一）检测手段

对于电网设备用金属及合金材料应进行拉伸性能检测。

金属材料的制样应按 GB/T 228.1—2021《金属材料　拉伸试验　第 1 部分：室温试验方法》的规定执行，钢及钢产品的制样应按 GB/T 2975—2018《钢及钢产品　力学性能试验取样位置及试样制备》的规定执行，并选择合适夹具和试验机。

拉伸试验机应定期校准或检定，试验所用力值范围应在被检范围以内。

开展拉伸试验时应做好防飞溅措施，避免人身伤害。

（二）检测设备

（1）电液伺服万能试验机应符合 GB/T 16826—2008《电液伺服万能试验机》的规定。

（2）电子式万能试验机应符合 GB/T 16491—2008《电子式万能试验机》的规定。

（3）液压式万能试验机应符合 GB/T 3159—2008《液压式万能试验机》的规定。

（三）检测方法

1. 检测依据

（1）金属材料的拉伸试验应按 GB/T 228.1—2021 的规定执行。

（2）有色金属细丝拉伸试验应按 GB/T 10573—2020《有色金属细丝拉伸试验方法》的规定执行。

2. 试样的形状与尺寸

试样的形状与尺寸取决于要被试验的金属产品的形状与尺寸；试样的横截面可以为圆形、矩形、多边形和环形等其他形状。

原始表距与横截面积有 $L_0 = k\sqrt{S_0}$ 关系的试样为比例试样。

3. 记录与报告

拉伸检测记录与报告应包含以下内容：

（1）工程名称、部件名称、取样部位及其状态；

（2）样品编号、材料牌号、热处理状态及规格；

（3）执行标准编号；

（4）使用仪器的名称及型号；

（5）试验条件信息和试样标识；

（6）试样的类型、取样方向和位置；

（7）试验控制模式和试验速率；

（8）分析级别、分析结果及评定；

（9）记录/报告编号、日期；

（10）检验人员、审核人员签字。

（四）检测时机及方式

电网设备的拉伸性能检测时机应在型式试验和到货验收等阶段进行，检测方式为抽检，同一类设备、同一类材质金属抽检一次，对于检测结果不符合相关标准规定的，应扩大检测比例。

八、耐磨性检测

耐磨性是指材料抵抗机械磨损的能力。在一定荷重的磨速条件下，单位面积在单位时间的磨耗。用试样的磨损量来表示，它等于试样磨前质量与磨后质量之差除以受磨面积，以材料在规定摩擦条件下的磨损率或磨损度的倒数来表示。

（一）检测手段

对于电网设备用金属及合金材料、涂覆层材料、金具应进行耐磨性检测。

应按金属材料制样应按 GB/T 12444—2006《金属材料 磨损试验方法 试环—试块滑动磨损试验》的规定执行，色漆和清漆的制样应按 GB/T 1768—

2006《色漆和清漆　耐磨性的测定　旋转橡胶砂轮》的规定执行，并选择合适的试验装置。

架空输电线路地线用连接金具和悬垂线夹试样应从同批次金具中随机抽取，试样不得进行任何打磨、抛光、除油、清洗等预处理。试验应在 10～35℃ 范围内进行。

实验室应严格控制空气中粉尘含量。

（二）检测设备

（1）金属材料耐磨性检测设备应符合 GB/T 12444—2006 中 5.1～5.10 的规定。

（2）涂层耐磨性检测设备应符合 GB/T 1768—2006 中 5.1～5.5 的规定。

（3）架空输电线路地线用连接金具和悬垂线夹的耐磨性检测设备应符合 DL/T 1693—2017《输电线路金具磨损试验方法》中 4.1～4.5 的规定。

（三）检测方法

（1）金属材料磨损试验应按 GB/T 12444—2006 的规定执行。

（2）色漆和清漆耐磨性的测定应按 GB/T 1768—2006 的规定执行。

（3）输电线路金具磨损试验应按 DL/T 1693—2017 的规定执行。

（四）检测时机及方式

电网设备的耐磨性检测时机应在型式试验和到货验收等阶段进行，检测方式为抽检，同一类设备、同一类材质金属抽检一次，对于检测结果不符合相关标准规定的，应扩大检测比例。

九、冲击韧性检测

冲击韧性是指材料在冲击载荷作用下吸收塑性变形功和断裂功的能力，反映材料内部的细微缺陷和抗冲击性能。一般是由冲击韧性值（a_k）和冲击功（A_k）表示。由于大多数材料冲击吸收能量随温度变化，因此试验应在规定温度下进行，冲击试验是一种动态力学试验。

（一）检测手段

（1）对于电网设备用金属及合金材料应进行冲击韧性检测。

（2）金属材料的制样应按 GB/T 229—2020《金属材料　夏比摆锤冲击试验方法》的规定执行。

（3）开展冲击试验时应做好防飞溅措施，避免人身伤害。

（二）检测设备

（1）摆锤式冲击试验机应符合 GB/T 3808—2018《摆锤式冲击试验机的检验》的规定。

（2）测量仪器应在合适的周期内进行校准。

（3）摆锤锤刃边缘曲率半径应为 2mm 或 8mm，用符号的下标数字表示，如 KV_2、KV_8、KU_2、KU_8、KW_2、KW_8，摆锤锤刃半径的选择应依据相关产品标准的规定。

（三）检测方法

1. 检测依据

金属材料的冲击试验应按 GB/T 229—2020 的规定执行。

2. 试样的形状与尺寸

（1）标准尺寸冲击试样长度为 55mm，横截面为 10mm×10mm 方形截面，在式样长度的中间位置有 V 形或 U 形缺口。

（2）若不够制备标准尺寸试样，可使用后的为 7.5、5mm 或 2.5mm 的小尺寸试样。

（3）V 形缺口的夹角为 45°，根部半径为 0.25mm，韧带宽度为 8mm（缺口深度为 2mm）。

（4）U 形缺口根部半径为 1mm，韧带宽度为 8mm 或 5mm（缺口深度为 2mm 或 5mm）。

3. 记录与报告

拉伸检测记录与报告应包含以下内容：

（1）工程名称、部件名称、取样部位及其状态；

（2）样品编号、材料牌号、热处理状态及规格；

（3）执行标准编号；

（4）使用仪器的名称及型号；

（5）缺口类型、韧带宽度（缺口深度）和试验温度；

（6）与标准试样不同时的试样尺寸［厚度×宽度×长度，单位为毫米（mm）］；

（7）吸收能量 KV_2、KV_8、KU_2、KU_8、KW_2、KW_8；

（8）可能影响试验的异常情况；

（9）分析级别、分析结果及评定；

（10）记录/报告编号、日期；

（11）检验人员、审核人员签字。

（四）检测时机及方式

电网设备的冲击性能检测时机应在型式试验和到货验收等阶段进行，检测方式为抽检，同一类设备、同一类材质金属抽检一次，对于检测结果不符合相关标准规定的，应扩大检测比例。

十、检测案例分析

（一）【案例一】输电线路杆塔理化性能分析

输电线路杆塔是用来支撑和架空导线、避雷线和其他附件的塔架结构，使得导线与导线、导线与杆塔、导线与避雷线之间、导线对地面或交叉跨越物保持规定的安全距离的高耸式结构。输电线路杆塔在电网设备中起着重要的作用，对其产品需要进行理化性能分析。

国网某供电公司 110kV 东双 849 线路 014 号铁塔为耐张塔，受省电力公司相关文件指示要求，在到货验收等阶段需对其塔材进行理化性能的验收检验。其中涉及成分、金相组织、表面粗糙度、硬度、镀层结合力、疲劳、拉伸性能和耐磨性等检测。该耐张塔的塔型为 1D2—SJ4 - 21，主材钢印为 1D2SJ4，P1801F，材质为 Q420B，规格为 160mm×16mm。

1. 资料收集

（1）了解被检部件的名称、材料牌号、热处理状态、规格和用途等；该塔材材质为 Q420B，规格为 160mm×16mm。

（2）检查被检材料和环境是否存在影响分析结果的因素（如镀层、油漆、油污等），并采取必要的防范措施。

（3）根据委托方的检验要求和被检材料的情况，编制分析方案，确定分析条件。

2. 检测时机及方式

（1）该塔材理化性能试验的检测时机选择在到货验收阶段；

（2）检测方式为抽检。

3. 检测

（1）成分检测。

1）将被检材料的分析面处理为平整面，分析面呈金属光泽，肉眼检查未见裂纹、疏松、腐蚀、氧化和油污等。

2）Q420B 为低合金高强度结构钢，符合标准 GB/T 1591—2018《低合金高强度结构钢》。

3）采用全定量合金分析仪对其进行检测分析，抽取三个角钢，编号 1～3，检测结果见表 3-4 所示。

表 3-4 铁塔材质成分检测分析结果（wt%）

试样编号	C	Si	Mn	Ni	Cr	Cu	Mo	V
1 号	0.15	0.42	1.47	0.69	0.24	0.32	0.16	0.11
2 号	0.17	0.35	1.53	0.64	0.22	0.35	0.14	0.09
3 号	0.15	0.40	1.50	0.70	0.24	0.34	0.13	0.10
标准值	≤0.2	≤0.55	≤1.70	≤0.80	≤0.30	≤0.40	≤0.20	≤0.13

从表 3-4 中的结果分析得知，检测的结果值符合标准的规定。

（2）金相（显微）组织检测。抽取 3 个塔材进行金相组织观察试验，分别截取一个金相试样（编号 1～3），将试样分别经 120、240、320、500 号砂纸进行磨制处理，随后进行抛光处理，最后采用 4% 的硝酸酒精溶液进行腐蚀处理，在蔡司研究级倒置式金相显微镜上观察试样的金相组织，金相组织照片如图 3-7～图 3-9 所示。

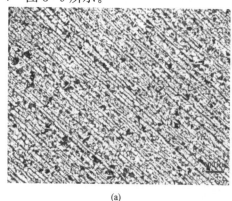

(a)

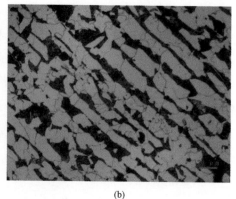

(b)

图 3-7 1 号试样的金相组织

(a) 100×；(b) 500×

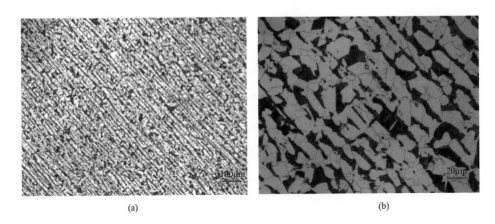

(a) (b)

图 3-8　2 号试样的金相组织

(a) 100×；(b) 500×

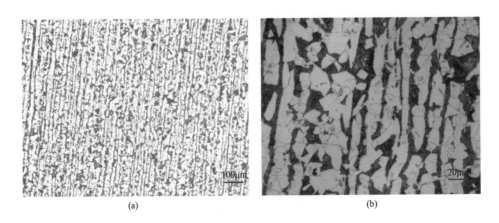

(a) (b)

图 3-9　3 号试样的金相组织

(a) 100×；(b) 500×

从图 3-7～图 3-9 中可知，1、2 号和 3 号试样的金相组织均为珠光体＋铁素体组织，组织正常。

（3）硬度检测。对进行过金相（显微）组织检测的编号 1～3 试样进行硬度检测，使用 HBE-3000A 型布氏硬度计，187.5kgf 载荷，对试验试样分别进行硬度测试，测试位置是在金相试样的金相面上进行的，每组试样测量 3 次，结果取平均值，试验结果见表 3-5。

表 3 - 5 铁塔试样硬度检测结果（HB）

试样编号	1	2	3	平均值
1号	204.4	206.2	205.9	205.5
2号	219.2	216.2	219.7	218.4
3号	220.5	209.2	208.9	212.9

从表 3 - 5 中可以看出，1～3 号试样的硬度值均在 200HB 以上。

（4）结合力检测。镀层的结合强度（附着力）是指镀层与基体结合力的大小，即单位表面积的镀层从基体（或中间涂层）上剥落下来所需的力。镀层与基体的结合强度是镀层性能的一个重要指标。

抽取 3 个塔材（编号 1～3）进行表面镀层结合力检测，本次检测落锤法按照标准 GB/T 2694—2018 执行，采用落锤法，在各个试样（编号 1～3）表面进行试验。

结果显示，编号 1～3 试样镀层均未从基体金属上剥落，这表明编号 1～3 试样覆盖层通过此试验，表面结合强度合格。

（5）疲劳检测。抽取 3 个塔材（编号 1～3）进行疲劳检测，试件尺寸参照 GB/T 3075 中的相关规定进行设定。本次试验彩色 MTS 疲劳试验机，作动器量程为 ±125mm，本次试验采用的加载频率为 15Hz（由于在常温下疲劳试验加载频率在 8.33～166.7Hz 时，金属材料的疲劳性能受频率的变动影响可忽略不计）。同时为了保证试样在疲劳试验机中不滑落，其上下咬合的尺寸设定为 80mm。

材料的疲劳性能一般通过 S - N 曲线进行表征，试验前，为了避免弯矩的存在而影响试验结果的可靠性，应保证试件与上下夹具间的同轴度。同时在试验过程中试件承受反复载荷，为避免试件受压弯曲，取拉力最小值为 0.5kN，试件始终处于拉伸状态。

试验开始前先进行单调预加载，加载速率为 1kN/s；当拉力预加之预设应力水平时，开始施加循环荷载。当试件发生断裂时，视为试验结束；若循环次数达到 200 万次试件仍未断裂，则终止试验。

疲劳试验按照应力幅值由高至低依次进行，其中最高级别的应力幅值为 $0.9f_y$，最低级别的应力幅值为 $0.5f_y$。表 3 - 6 为铁塔钢材疲劳试验的试验结果。

表 3-6 铁塔钢材疲劳试验结果

试样编号	最大应力/MPa	最大载荷/kN	最小载荷/kN	加载频率/Hz	循环次数/次	破坏形式
1 号	406.67	142.431	0.5	15	158972	断裂破坏
2 号	406.67	142.587	0.5	15	185539	断裂破坏
3 号	406.67	142.355	0.5	15	176833	断裂破坏

从结果中发现，当循环载荷的应力水平降低至 $0.5f_y$ 时，试件经过 200 万次拉伸循环后基本不会发生疲劳断裂。

（6）拉伸性能检测。抽取 3 个塔材（编号 1～3）进行拉伸性能检测。分别沿纵向截取拉伸试样，采用深圳三思纵横科技股份有限公司的万能试验机检验所截取试样的拉伸性能，拉伸试验结果见表 3-7 所示。

表 3-7 铁塔钢材拉伸性检测结果与标准（DL/T 1591—2018）技术要求的对比试样

试样编号	抗拉强度（MPa）			下屈服强度（MPa）			伸长率（%）		
	1	2	平均值	1	2	平均值	1	2	平均值
1 号	614.1	624.2	619.1	463.6	475.8	469.7	20.3	23.7	22
2 号	655.5	654.7	655.1	533.7	515.8	524.7	14.5	17.5	16
3 号	661.8	672.6	667.2	530.1	556.5	543.3	18.6	15	16.8
标准值	520～680			≥ 400			≥ 18		

从表 3-7 中可以看出，该 3 个塔材试样的抗拉强度值、下屈服强度的平均值均符合标准要求，但在伸长率上，2 号位置试样和 3 号位置试样的伸长率低于标准的要求。这表明该区域的材质延性低于标准的要求，钢材的延性小，意味着材料塑性不佳。

（二）【案例二】开关触头理化性能分析

对于开关类的主要金属部件如触头等，依据标准的相关规定，材质应为牌号不低于 T2 的纯铜，接触部位应镀银，镀银质量应符合设计要求；对于金属镀层（镀银）的相关要求，标准规定，镀银层应为银白色，呈无光泽或半光泽，不应为高光亮镀层，镀层应结晶细致、平滑、均匀、连续；表面无裂纹、起泡、脱落、缺边、掉角、毛刺、针孔、色斑、腐蚀锈斑和划伤、碰伤等缺陷。镀银层厚度、硬度、附着性等应满足设计要求，不宜采用钎焊银片的方式替代镀银。

国网某供电公司 110kV 变电站 2 号主变压器有载开关中的转化开关触头 K1、K2 需重新更换，受省电力公司相关文件指示要求，在到货验收等阶段需对其进行理化性能的验收检验。其中涉及成分、金相组织、表面粗糙度、镀层结合力等检测。

1. 资料收集

（1）了解被检部件的名称、材料牌号、热处理状态、规格和用途等；该转换开关触头 K1 和 K2 基体材质为 T2 纯铜，触头表面镀银。

（2）检查被检材料和环境是否存在影响分析结果的因素（如镀层、油漆、油污等），并采取必要的防范措施。

（3）根据委托方的检验要求和被检材料的情况，编制分析方案，确定分析条件。

2. 检测时机及方式

（1）该转换开关触头 K1 和 K2 理化性能试验的检测时机选择在到货验收阶段；

（2）检测方式为全检。

3. 检测

（1）成分检测。

1）将被检材料的分析面处理为平整面，分析面呈金属光泽，肉眼检查未见有裂纹、疏松、腐蚀、氧化和油污等。

2）采用 NITON XLT‐980 便携式光谱分析仪对其进行检测分析，每个转换开光触头测量三次，检测结果见表 3‐8。

表 3‐8　　　　转换开关触头 K1、K2 成分检测结果（wt%）

试样编号	基体材质			镀层材质		
	1	2	3	1	2	3
K1	99.92	99.93	99.90	91.28	92.13	92.31
K2	99.90	99.91	99.91	93.25	91.34	91.02
标准值	≥99.9			≥90.0		

从表 3‐8 中的结果分析得知，检测的结果值符合标准的规定。

（2）金相（显微）组织检测。抽取转换开关触头 K1 进行金相组织观察试验，截取一个金相试样，将试样分别经 120、240、320、500 号砂纸进行磨制处理，随后进行抛光处理，最后采用 4％的硝酸酒精溶液进行腐蚀处理，在蔡司研究级倒置式金相显微镜上观察试样的金相组织，金相组织照片如图 3 - 10 所示。

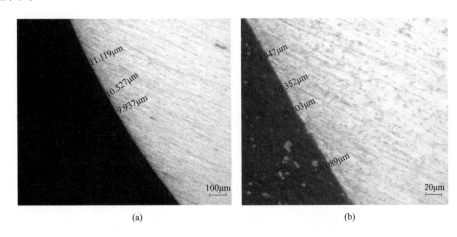

图 3 - 10 转换开关触头 K1 镀层结合面的金相组织

(a) 100×；(b) 500×

从图 3 - 10 可知，转换开关 K1 镀层结合面的镀层与基体结合良好，结合面未见间隙存在。

（3）表面粗糙度检测。转换开关触头 K1 和 K2 表面结构应进行表面粗糙度检测，触头表面存在有镀银层，其工作表面没必要用更精确的方法来检验，故本次检测采用目视法检查。

检查结果发现，编号转换开关触头 K1 和 K2 表面镀层整体表现良好，镀层其他部位结晶细致、平滑、均匀、连续，表面无裂纹、起泡、脱落、缺边、掉角、毛刺、针孔、色斑、腐蚀锈斑和划伤、碰伤等缺陷存在，其表面粗糙度检测合格。

（4）结合力检测。镀层的结合强度（附着力）是指镀层与基体结合力的大小，即单位表面积的镀层从基体（或中间涂层）上剥落下来所需的力。镀层与基体的结合强度是镀层性能的一个重要指标。

对转换开关触头 K1 和 K2 进行表面镀层结合力检测，本次检测采用划痕法（GB/T 5270—2005《金属基体上的金属覆盖层　电沉积和化学沉积层　附着强度试验方法评述》），采用硬质钢划刀，在各个试样表面相距约 2mm 划两根平行线。需要注意的是，在划两根平行线时，以足够的压力一次刻线即穿过覆盖层切割到基体金属。

结果显示，转换开关触头 K1 和 K2 试样上两划线之间的任一部分覆盖层均未从基体金属上剥落，表明转换开关触头 K1 和 K2 试样覆盖层通过此试验，表面结合强度合格。

（三）【案例三】不锈钢材质部件成分检测

采用直读光谱仪对某户外密封机构箱箱体进行材质分析时，检测结果如图3-11 所示，成分不满足要求。根据 DL/T 1424—2015 中 6.1.7 条规定，户外密闭箱体的材质宜为 Mn 含量不大于 2％的奥氏体不锈钢或铝合金，图 3-11 中检测结果显示，Mn 含量为 9.69％，与要求不符，不能满足户外密闭箱体不锈耐蚀要求。

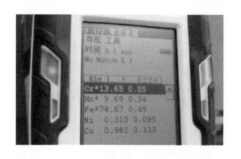

图 3-11　手持式光谱仪成分检测结果

第三节　耐　腐　蚀　性　能

材料抵抗周围介质腐蚀破坏作用的能力称为耐蚀性。由材料的成分、化学性能、组织形态等决定的。腐蚀检测是指检测金属或其他材料因与环境发生相互作用而引起的化学或物理（或机械）化学损伤过程的材料试验。腐蚀检测是掌握材料与环境所构成的腐蚀体系的特性，了解腐蚀机制，从而对腐蚀过程进行控制的重要手段。电网金属耐蚀检测的评价方法主要分为以下大类：耐液体性能检测、耐湿热性能检测、耐老化性能检测、耐盐雾性能检测、耐周浸腐蚀性能检测、耐晶间腐蚀性能检测、耐应力腐蚀性能检测、耐土壤腐蚀性能检测、接地装置电解腐蚀检测。

一、耐液体性能

金属覆盖层及金属基体上的有机涂层等宜进行耐液体性能检测，耐液体性能一般包括耐水性、耐酸性、耐碱性等，在电网设备型式试验阶段应进行耐液体性能检测。

（一）检测设备

检测用仪器设备与试验用液体接触的所有部分均应由惰性材料制成。

（二）检测方法

金属覆盖层及金属基体上的有机涂层等宜进行耐液体性能检测。耐酸、耐碱性检测应按 GB/T 30648.1《色漆和清漆　耐液体性的测定　第 1 部分：浸入除水之外的液体中》或 GB/T 9274《色漆和清漆　耐液体介质的测定》的规定执行。耐水性检测应按 GB/T 30648.2《色漆和清漆　耐液体性的测定　第 2 部分：浸水法》的规定执行。

二、耐湿热性能

耐湿热性是高分子材料耐高温、高湿条件下性能变化的能力。不少高分子材料对湿热因素比较敏感，其老化情况比于热时还大。湿热老化破坏的主要表现为：水分子的渗透作用，使材料内部含湿增高，使其内增塑剂及其他可溶物溶解，渗出和迁移，导致材料力学性能下降。电网设备型式试验阶段应进行涂层及配套涂层体系的耐湿热性能检测。

（一）检测设备

耐湿热性能设备主要有湿热试验箱和高低温试验箱。湿热试验箱应符合 GB/T 10586《湿热试验箱技术条件》的规定。高低温试验箱应符合 GB/T 10592《高低温试验箱技术条件》的规定。

（二）检测方法

（1）漆膜耐湿热性能测定应按 GB/T 1740《漆膜耐湿热测定法》的规定执行。

（2）色漆和清漆耐湿热性能的测定应按 GB/T 13893《色漆和清漆　耐湿

性的测定　连续冷凝法》（所有部分）的规定执行。

三、耐老化性能

涂层的耐老化性是指涂层在外部环境（阳光、空气、水、凝露、工业气体、微生物）作用下保持原有性能的能力，涂层在使用过程中会因受到外部环境的影响而出现一些不可逆的破坏现象，如变色、失光、粉化、开裂、生锈、剥落、斑点和沾污等。暴露于户外的电网设备涂层，每年由于外在涂层的变色、粉化、剥落等老化破坏造成巨大的损失，电网设备型式试验阶段应进行涂层老化性能测试。

（一）检测设备

主要使用氙弧灯暴露设备和荧光紫外灯暴露设备。氙弧灯暴露设备应符合 GB/T 1865—2009《色漆和清漆　人工气候老化和人工辐射曝露　滤过的氙弧辐射》的规定。荧光紫外灯暴露设备应符合 GB/T 23987—2009《色漆和清漆　涂层的人工气候老化曝露　曝露于荧光紫外线和水》的规定。

（二）检测方法

采用氙弧灯型光源检测涂层耐老化性能，应按 GB/T 1865—2009 的规定执行。采用荧光紫外灯型光源检测涂层耐老化性能，应按 GB/T 23987—2009 或 GB/T 14522—2008《机械工业产品用塑料、涂料、橡胶材料人工气候老化试验方法　荧光紫外灯》的规定执行。采用自然气候曝露试验检测涂层耐老化性能，应按 GB/T 9276—1996《涂层自然气候曝露试验方法》的规定执行。涂层耐老化性能试验的结果应符合 GB/T 1766《色漆和清漆　涂层老化的评级方法》的规定。

四、耐盐雾腐蚀性能

耐盐雾性是指高分子材料抵抗盐雾侵蚀的能力。盐雾中的氯化物，如氯化钠、氯化镁，在很低的湿度条件下具有迅速吸潮的性能。且氯离子具有很强的腐蚀活性，致使防护涂层及高分子材料产生强烈的腐蚀和破坏。金属覆盖层、金属基体上的有机涂层型式试验阶段宜进行耐盐雾性能检测。

（一）检测设备

盐雾试验箱应符合 GB/T 10587—2006《盐雾试验箱技术条件》和 GB/T 5170.8—2008《环境试验设备检验方法　第 8 部分：盐雾试验设备》的规定。

（二）检测方法

（1）中性盐雾腐蚀试验应按 GB/T 10125—2021《人造气氛腐蚀试验 盐雾试验》的规定执行。

（2）交替暴露在腐蚀性气体、中性盐雾及干燥环境中的加速腐蚀试验应按 GB/T 28416—2012《人工大气中的腐蚀试验 交替暴露在腐蚀性气体、中性盐雾及干燥环境中的加速腐蚀试验》的规定执行。

（3）酸性盐雾、"干燥"和"湿润"条件下的循环加速腐蚀试验应按 GB/T 24195—2009《金属和合金的腐蚀 酸性盐雾、"干燥"和"湿润"条件下的循环加速腐蚀试验》的规定执行。

（4）涂层材料耐中性盐雾性能的测定应按 GB/T 1771—2007《色漆和清漆 耐中性盐雾性能的测定》的规定执行。

（5）导体镀银部分耐盐雾性能检测应按 Q/GDW 11718.1—2017《电网设备金属质量检测导则 第1部分：导体镀银部分》的规定执行。

五、耐周浸腐蚀性能

周期浸润试验作为室内模拟材料加速腐蚀试验方法之一，通过控制温度、湿度、腐蚀介质浓度等环境因素，能够较好模拟自然大气环境，还可以在不改变腐蚀机理的前提下实现对材料大气腐蚀过程和机理的认识。电网设备型式试验阶段的金属材料、镀层材料、涂层材料宜进行耐周浸腐蚀性能测试。周浸腐蚀试验的试样数量、试验溶液、试验周期及评定方法可由双方协商确定。

（一）检测设备

周浸试验设备应符 GB/T 19746—2018《金属和合金的腐蚀 盐溶液周浸试验》的规定。

（二）检测方法

（1）盐溶液周浸试验应按 GB/T 19746—2018 的规定执行。

（2）隔离开关电触头镀银层的耐周浸腐蚀性能检测采用周浸试验方法，按 GB/T 19746—2018 中的规定进行，试验周期为 240h，试验温度为 45℃。浸渍和干燥循环为 15min 浸渍和 45min 干燥。

六、耐晶间腐蚀性能

晶间腐蚀是局部腐蚀的一种。沿着金属晶粒间的分界面向内部扩展的腐蚀。主要由于晶粒表面和内部间化学成分的差异以及晶界杂质或内应力的存在。晶间腐蚀破坏晶粒间的结合,大大降低金属的机械强度。2系、5系及7系铝合金、奥氏体不锈钢、铁素体不锈钢及铁素体—奥氏体(双相)不锈钢部件和不锈钢压力容器、镍合金部件应进行耐晶间腐蚀性能检测。电网设备型式试验、出厂试验阶段应进行耐晶间腐蚀性能测试。

(一)检测设备

金相显微镜应符合 JB/T 10077 的规定。镍合金耐晶间腐蚀性能检测设备应符合 GB/T 15260—2016《金属和合金的腐蚀 镍合金晶间腐蚀试验方法》的规定。

(二)检测方法

(1) 2×××系、5×××系、7×××系铝合金加工制品耐晶间腐蚀检测应按 GB/T 7998—2005 的规定执行。

(2)铸件、锻件、厚板、薄板、型材和半成品或成品零件的铸造和锻造热处理铝合金耐晶间腐蚀检测应按 GB/T 36174—2018《金属和合金的腐蚀 固溶热处理铝合金的耐晶间腐蚀性的测定》的规定执行。

(3)采用质量损失法检测 5×××系铝合金耐晶间腐蚀性能时,应按 GB/T 26491—2011《5×××系铝合金晶间腐蚀试验方法 质量损失法》的规定执行。

(4)铬含量低于 16% 的铁素体不锈钢耐晶间腐蚀检测应按 GB/T 31935—2015《金属和合金的腐蚀 低铬铁素体不锈钢晶间腐蚀试验方法》的规定执行,铬含量高于 16% 的铁素体不锈钢耐晶间腐蚀检测应按 GB/T 32571—2016《金属和合金的腐蚀 高铬铁素体不锈钢晶间腐蚀试验方法》的规定执行。

(5)奥氏体及铁素体—奥氏体(双相)不锈钢耐晶间腐蚀检测应按 GB/T 4334—2020《金属和合金的腐蚀 奥氏体及铁素体-奥氏体(双相)不锈钢晶间腐蚀试验方法》的规定执行。

(6)镍合金耐晶间腐蚀检测应按 GB/T 15260—2016 的规定执行。

七、抗硫性能

在工业环境,特别是含硫化物环境下,电网设备镀银层材料出厂试验阶段应进行抗硫性能检测。抗硫性能检测宜在零件材料相同、表面状态相同,且同槽电镀的试样上进行。检测方式为实验室检测。

（一）检测设备

实验室玻璃仪器应符合 GB/T 11414—2007《实验室玻璃仪器　瓶》的规定。秒表应符合 GB/T 22773—2008《机械秒表》或 GB/T 22778—2021《液晶数字式石英秒表》的规定。

（二）检测方法

隔离开关电触头镀银层的抗硫性能检测采用浸泡试验方法，将镀层置于现配的 5％硫化钠溶液中，溶液温度控制在（25±1)℃。

八、耐土壤腐蚀性能

电网设备接地工程用接地金属材料到货验收阶段应进行耐土壤腐蚀性能检测。应采用土壤环境腐蚀加速实验装置进行耐土壤腐蚀性能检测，检测方式为实验室检测。

（一）检测设备

试验装置包括土壤样品测试系统、补水系统、温度控制系统，在试验期间试验装置能稳定、准确控制相关试验参数。

（1）放置试验土壤的容器宜使用玻璃等耐腐蚀材料。与试验土壤接触的传感器等装置材料不应受腐蚀介质影响。

（2）控制系统应保证试验土壤温度保持在规定的范围内。温度偏差范围控制在±2℃。

（3）控制系统应保证试验土壤含水率保持在规定的范围内，宜使用具有自动补水功能或便于人工补水的设备。含水率偏差范围控制在±2％。

（二）检测方法

（1）宜采用土壤环境腐蚀加速实验方法评价接地金属材料的耐土壤腐蚀性能。

（2）试验土壤应采用接地工程所处环境的土壤，可先对土壤腐蚀性等级进行评价，评价方法应符合 DL/T 1554—2016 的规定。

（3）可采用极化曲线、电化学阻抗谱测量等作为补充手段，通过分析接地金属材料腐蚀电流密度和腐蚀电位评价耐土壤腐蚀性能。

九、典型案例分析

（一）【案例一】0Cr18Ni9 不锈钢酸性盐雾条件下的腐蚀行为

1. 材料

试验材料为 0Cr18Ni9 试片，规格为 $100mm\times50mm\times(2\sim4)mm$，按 HB 5292—1984《不锈钢酸洗钝化质量检验》对试片表面进行钝化处理，表面粗糙度为 $0.6\sim1.8\mu m$。两种材料在经过盐雾腐蚀试验之前，使用酒精和超纯水清洗。清洗完毕后，使用冷水吹干，放置于清洗干净的实验容器中，等待下一步酸性盐雾腐蚀实验。

2. 酸性盐雾试验

采用盐雾腐蚀机进行，调节盐雾试验箱温度为 (35 ± 2)℃，使用稀盐酸（化学纯）或氢氧化钠（化学纯）调整 pH 值到 3.5 ± 0.5。以 24h 喷雾润湿 +24h 干燥为一个循环，分别开展 2(96h)、4(192h)、5(240h) 个循环的酸性盐雾试验，采用 40% 的硝酸清洗 5min 来去除腐蚀产物。为了保证盐溶液的沉降率为 $1\sim3mL/(80cm^2 \cdot h)$，在整个喷雾期间，盐雾沉降率和沉降溶液的 pH 值至少每隔 24h 测量一次。每种材料分别在经过 96、192、240h 试验后，各取 3 片，采用目视、称量对盐雾腐蚀后试样进行观察及分析。

3. 分析

0Cr18Ni9 酸性盐雾腐蚀 96、192、240h 后的外观形貌对比如图 3-12 所示。随着酸性盐雾腐蚀试验时间的增加，不锈钢中间表面开始出现黑色轻微的局部腐蚀，试件边缘出现腐蚀产物。这是由于试件边缘粗糙度大于中间部位，腐蚀优先在粗糙度高的位置产生。盐雾对金属材料表面的腐蚀是由于盐雾沉积在试样表面后，为试样表面创造了一个电解质环境。仅盐雾而言，含有的氯离子穿透金属表面的氧化层和防护层与内部金属发生电化学反应引起腐蚀。同时，氯离子含有一定的水合能，易被吸附在金属表面的孔隙、裂缝处，排挤并取代氧化层中的氧，把不溶性的氧化物变成可溶性的氯化物，使钝化态表面变成活泼表面，对产品造成极坏的不良反应。通常情况下，多组分合金会因为不同组分间生成的氧化物类型不同，而在钝化膜里因晶格错配产生应力及缺陷，在一定程度上增加钝化膜中离子的扩散速率而增加腐蚀速率，所以在缺陷处容易产生点蚀。盐雾中的氯离子会通过钝化膜中的缺陷，如阳离子空位、晶格间隙等，造成钝化膜中的局部电中性的不平衡，因此增加整体的离子运输，增加不锈钢的腐蚀速率。

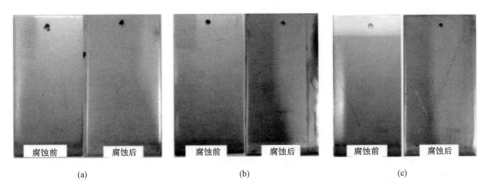

图 3-12　0Cr18Ni9（钝化）不同盐雾试验时间外观形貌对比

（a）96h 盐雾后外观形貌；（b）192h 盐雾后外观形貌；（c）240h 盐雾后外观形貌

0Cr18Ni9 酸盐雾腐蚀 96、192、240h 后的扫描电子显微镜（scanning elec-tronic microscopy，SEM）形貌如图 3-13 所示。经 240h 酸性盐雾试验后，表面均出现不同程度的点状腐蚀坑。这是由于在腐蚀时间足够长的时候，试样表面以点状腐蚀坑的形式开始破损，说明试样在酸性盐雾条件下，局部的耐蚀性较差，钝化膜破裂，出现点蚀。

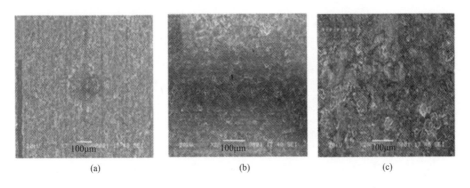

图 3-13　0Cr18Ni9 经不同时间盐雾试验后的 SEM 形貌

（a）96h 盐雾后 SEM 形貌；（b）192h 盐雾后 SEM 形貌；（c）240h 盐雾后 SEM 形貌

（二）【案例二】不锈钢抱箍晶间腐蚀现象

某供电公司变电技术人员对某 110kV 主变压器巡视时，发现断路器传动连杆抱箍存在网状细微裂纹，如图 3-14 所示。经初步检测，该抱箍的材质为 0Cr18Ni9，属于奥氏体不锈钢材质，铸造成型。从抱箍裂纹的形貌特征来看，其网状细微裂纹属于奥氏体不锈钢晶间腐蚀裂纹特征。奥氏体不锈钢在450～850℃区间受热，其奥氏体中的碳与铬结合形成$Cr_{23}C_6$，降低了晶间处的Cr含量。这个过程也称为敏化。处于敏化态的不锈钢具有强烈的晶间腐蚀倾向，在实际应用中有很大的隐患。抱箍由于铸造成型，在缓慢的自然冷却过程中不可避免地会在450～850℃区间经历较长时间，从而发生敏化，造成晶间腐蚀。

图3-14　不锈钢抱箍裂纹

检测项目及分析结果如下。

1. 3、4号井水质分析

3、4号井水质分析结果见表3-9。

（三）【案例三】电缆腐蚀

某电缆沟井进行施工时发现，3、4号井内出现了大量污水，有刺激性挥发气味，而且对施工人员的皮肤和五官有明显刺激和腐蚀。因此特对水质进行分析，同时评价水质对电缆的腐蚀影响。电缆材质为聚乙烯，规格为YJY 26/35kV - 3×300mm²。

表3-9　　　　　　　　　　3、4号井水质分析结果

指标		编号	
		3号井	4号井
外观		浑浊，灰白色	浑浊，灰白色
导电度/(μS/cm)		1740	1710
pH值		7.86	7.68
硫化物/(mg/L)		34.6	35.7
COD/(mg/L)		374	261
氨氮/(mg/L)		63.5	60
芳香烃/(μg/L)		—	—
油含量	动植物/(mg/L)	0.3	0.2
	石油/(mg/L)	—	—

从试验数据可以看出，对于 3、4 号井而言，水中含有大量硫化物，COD 和氨氮含量较高，同时含有动植物油类，具有工厂（排放）废水的特征。

2. 外护套井水浸泡试验

量取静置 24h 后的 3、4 号井井水水样各 1000mL，放入烧杯中，用水浴加热并保持在 70℃±1℃，将电缆外护套试样分别放入两个烧杯中，浸泡 100h，然后从烧杯中取出试样，在室温下放置 24h 后进行试验。

另取一份电缆外护套试样，按以上同样试验条件放入 1000mL 除盐水中（除盐水导度小于 0.2μS/cm），作为空白试验，进行比较。

试验 100h 后照片如图 3-15 所示。

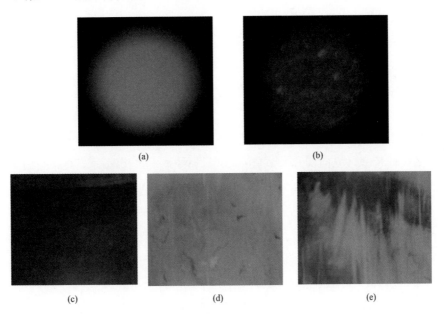

图 3-15 浸泡试验后电缆表面腐蚀情况
(a) 20 倍显微镜下 3 号井试验后；(b) 20 倍显微镜下空白试验后；
(c) 空白试验后；(d) 3 号井试验后；(e) 4 号井试验后

从照片中可以看出，试样经过井水破坏性试验后，表面有明显变化，从黑色变成白色。且在显微镜明显看出呈灰白色，而空白试验后原表面结构清晰，无明显变化。

质量变化如下。

（1）3 号井井水浸泡后：浸泡后增重 1.060%；试样 100mm×100mm，原质量 62.4272g。

（2）4号井井水浸泡后：浸泡后增重 1.097%；试样 100mm×100mm，原质量 68.1750g。

（3）空白试验样浸泡后：浸泡后增重 1.244%；试样 80mm×80mm，原质量 44.7969g。

从质量结果来看，空白试样的增重率高于3号、4号井井水浸泡后增重率，说明污水水样对塑料外护套有一定腐蚀减重。

外形变化（以电缆敷设走向为纵向）如下。

（1）将3号井井水浸泡后（样品为纵向长 100mm，横向宽 100mm）：纵向收缩率1%，横向收缩率5%；

（2）将4号井井水浸泡后（样品为纵向长 100mm，横向宽 100mm）：纵向收缩率1%，横向收缩率4%；

（3）空白试验除盐水浸泡后（样品为纵向长 80mm，横向宽 80mm）：纵向收缩率1.25%，横向收缩率2.5%；

从外形试验结果来看，井水污水对塑料外护套的变形有一定影响。

断裂伸长率（纵向切片）试验：取3、4号井井水浸泡后试样及空白试样，切割成 30mm×3mm×2mm 条状试样，将试样两端固定进行拉伸，直至试条断开，然后测其断裂伸长度与未经拉伸样品比较。

断裂伸长率测试结果：

（1）3号井井水浸泡后断裂伸长率12.83%；

（2）4号井井水浸泡后断裂伸长率14.2%；

（3）空白试验样品浸泡后断裂伸长率28.10%。

从该试验结果大致可以看出，该污水水样对塑料外护套的延展性有一定影响。

3. 综合分析

根据水质试验数据分析：3、4号井井水的 COD、硫化物、氨氮含量均超过 GB 8978—1996《污水综合排放标准》第二类污染物最高允许排放浓度二级或三级标准，水质污染比较严重。

通过3、4号井井水水样对聚乙烯电缆外护套浸泡试验可以看出，浸泡后的试样有较大变化，试样的断裂伸长率下降，外形几何尺寸、横向收缩率较空白试验大，样品浸泡后增重减小。由于高分子聚合物分子其变化主要特征是物理、机械性能的变化或外形的变化，不难看出 3、4 号井井污水对外护套有较大影响。

第四节 其 他 检 测

一、防腐油脂检测

（一）架空线路用防腐脂

架空导线作为电力输送的主要载体，承担着输送电能的主要责任。我国幅员辽阔，气候条件和地理环境复杂多样，在盐湖地区、沿海和海岛地区以及工业污秽地区，输电线路用导线容易受到腐蚀介质的侵蚀。因此，对架空导线进行防腐处理具有重大意义，这样做可以提高导线的使用寿命，从而避免输电安全事故的发生。目前国内外架空导线仍以钢芯铝绞线（aluminum conductor steel reinforced，ACSR）为主，而钢芯线作为导线的主要承重部分，其腐蚀是钢芯铝绞线失效的重要原因。对于我国沿海、酸雨区、重污染工业区等重腐蚀环境地区，采用热浸镀锌层钢芯线的传统防腐手段已越来越无法满足架空导线腐蚀防护的要求。

通过在钢芯和铝合金的外表面涂覆防腐油脂来提高导线的防腐性能，是目前普遍使用的一种防腐手段。防腐油脂是在拥有普通润滑油性质基础上，通过使被涂覆基体材料与腐蚀介质隔离提高其防锈、耐腐蚀能力的一类油脂。图 3 - 16 中给出了涂有油脂的防腐型钢芯铝绞线的截面形貌。轻、中、重型防腐导线的防腐油脂均是在导线绞制时涂敷，主要是由于多层绞合的导线在施工现场不易将油脂涂进内层。

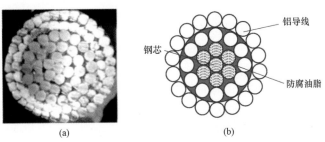

图 3 - 16 涂有防腐油脂导线的截面形貌

（a）涂有防腐油脂导线；（b）导线截面结构组成

（1）检测内容。常见的检测内容一般包括滴点、短期高温稳定性、锥入度、低温黏附性、酸值/碱值、老化、腐蚀试验。

（2）检测方法及要求。架空线路用防腐脂相关检测应按 GB/T 36292—2018《架空导线用防腐脂》或 T/CEC 158—2018《架空导线用防腐油脂技术条件》的规定执行。

（3）检测时机。架空线路用防腐脂型式试验及抽样试验的检测内容应按 GB/T 36292—2018 中 5.1.3 表 2 的规定执行，架空线路用防腐脂的检测时机应符合：

1）对于供货方的任一特定产品，只需进行一次型式试验，不必再次重复；除非改变了防腐脂的组分，或者生产工艺发生了重大改变。

2）为了检验防腐脂的产品质量是否符合标准要求时，应进行抽样试验。

（4）检测案例。图 3-16 给出了导线经氯化氢气体暴露试验后的表面和截面形貌，实验条件为：pH 值＜0.1（6mol/L），15℃×6h～40℃×6h 热循环，试验时间 160 天。由表 3-10 可以看出，与普通钢芯铝绞线相比，涂有防腐油脂导线耐酸性气体腐蚀能力显著提升。

表 3-10　　　　　　　　防腐导线用防腐油脂的性能参数

检测项目	国外进口防腐油脂	国产防腐油脂	钢芯铝绞线
酸碱性	pH＝4～10	pH＝4～10	—
滴点/℃	240	120	—
耐寒性/（−35℃，1h）	不生成龟裂、剥离	不生成龟裂、剥离	—
稠度/（25℃，不混合）	220～250	—	—
蒸发量（99℃，22h）	质量分数 1.5％以下	—	—
水淋流失量/（150mm/h，30 天）	质量分数 1.0％以下	质量分数 10％以下	—
耐候性/（紫外光下 100h）	表面无明显变化，无龟裂和裂缝产生	—	—
盐雾试验/（5％NaCl，210 天）	最大腐蚀孔深约 10μm	最大腐蚀孔深约 170μm	最大腐蚀孔深约 250μm
HCl 气体喷雾试验/（6mol/L，15℃6h～40℃×6h 热循环，试验时间为 160 天）	最大腐蚀孔深约 350μm	最大腐蚀孔深约 680μm	最大腐蚀孔深约 960μm

（二）电力复合脂

电力复合脂，别名为导电膏，是一种能够降低接触电阻改善电连接质量的中性导电半固体物质。电力复合脂主要适用于高低压电连接处，可以明显地改善接头处的发热状况，提高电能输送质量，从而有效降低电能损失，起到节约经济的作用。电力复合脂被涂抹在电连接接触面之间，使用于铜与铜、铜与铝、铝与铝等多种不同材料的配伍，能使接触电阻降低约35％～95％，温度降低35％～85％，提高母线的连接处的导电性，增加电网运行的可靠性，从而节省大量电能。科研人员不断研制新的导电膏适用于各种不同环境，新型导电膏能够在高低温下均具有良好的性能，包括耐潮性能、抗氧化性能、抗菌、耐高低温及抗腐蚀等性能，使用寿命长，极大地保证了电连接的质量，为变电站、配电所的安全运行提供可靠的保证。

（1）一般规定。电力复合脂不应对人体、生物和环境造成有害的影响，所涉及与使用有关的安全与环保要求应符合我国现行有关标准和规范的规定。

（2）检测内容。电力复合脂的检测内容一般包括外观、锥入度、滴点、分油量、pH 值、腐蚀、蒸发损失、涂膏前后冷态接触电阻的变化系数、经有载冷热循环操作后接触电阻稳定系数、交变湿热试验后接触电阻稳定系数、盐雾腐蚀试验后接触电阻稳定系数、周浸腐蚀试验。

（3）检测方法及要求。电力复合脂性能检测应按 DL/T 373—2019《电力复合脂技术条件》的规定执行。

（4）检测时机。电力复合脂在型式试验、出厂试验和周期试验阶段的检测项目参照 DL/T 373—2019 中 7.4 表 3 的规定。电力复合脂的检测时机应符合：

1）出厂检验采用 GB/T 13264—2008《不合格品百分数的小批计数抽样检验程序及抽样表》一次抽样方案。产品出厂前须经质检部门进行检验，检验合格后发予合格证方可出厂。

2）稳定投产的产品每隔两年应进行周期检验；当用户对产品投诉有质量问题需仲裁时，应进行抽查检验。

3）型式检验采用 GB/T 2829—2002《周期检验计数抽样程序及表（适用于对过程稳定性的检验)》一次抽样方案。型式检验合格时，该型式检验所代表产品可整批交付订货方。型式检验不合格时，应停止正常批量生产和出厂检验。产品须经型式检验合格后才能恢复正常批量生产和出厂检验。

4）若在检验过程中有某项未通过，应按原抽样数量加倍对不合格项目进行复验，复验中仍有不合格项目，则判该产品不合格。

（5）检测案例。目前110kV以上变电站，要求涂抹电力复合脂，而110kV以下没有明确要求。图3-17为某35kV变电站电器元件，之前未使用过任何电力复合脂，可以看出部分连接区域已经明显锈蚀。

该变电站对连接电器元件进行持续跟踪，发现涂抹电力复合脂的B、C相母线搭接面温度明显低于未涂抹的A相，且电力复合脂使用状况良好，现场测温照片见图3-18。

图3-17　现场已经锈蚀的电器元件　　　图3-18　现场测温照片

二、接地网检测

变电站接地网作为电力系统遭受雷击或者短路等问题时消除故障电流的通道，能够在电力系统发生故障时快速排泄故障电流，保障人员以及电力设施的安全，是确保电力系统安全稳定运行的重要措施。由于变电站接地网是由大量的金属导体构成，常年深埋于地表之下，在土壤中受到各种盐类、水、氧、微生物以及工作时流过的电流作用的影响，容易发生腐蚀，恶化其电气性能，严重的甚至发生断裂或者完全被腐蚀，丧失正常的接地功能，对电力系统的安全稳定运行带来极其严重的后果。因此，对变电站接地网开展定期的检测，及早发现问题，排除故障，防患于未然，这对保障电力系统的安全稳定运行具有十分重要的意义。

（一）一般规定

在我国，接地网的材料主要为普通扁钢，常因施工时焊接不良及漏焊、土壤腐蚀、接地短路电流的电动力作用等原因、导致接地网导体及接地线的腐蚀、断裂，使接地性能下降。超声导波技术是一种快速、高效的无损检测方法，已广泛应用于多种工程结构的无损评价和健康监测。

（二）检测内容

变电站接地网一般是由接地极和引出线两部分构成，如图 3-19 所示。接地极通常采用网格的形式，铺设在埋深为 0.5～1.5m 范围内的地表之下。引出线是连接接地极和变电站电气设备接地部分的金属导体，通常采用横截面为6mm×60mm 长方形的扁钢或者相应规格的圆钢。主要检测接地网的腐蚀位置及腐蚀深度。

（三）检测方法

由于超声导波在板状结构健康检测方面表现出的优越性，利用超声导波对不同工程结构进行无损检测已逐渐成为近年来无损检测领域的热门话题。变电站接地网的接地结构复杂以及接地网导体通常采用长条形板结构的扁钢，将超声导波技术应用于变电站接地网腐蚀检测中具有十分广阔的发展前景。由震源激励发射的超声导波在接地网的不连续区会产生反射，接收传感器接收到反射波，进一步通过分析接

图 3-19 变电站接地网示意图

收到的数据波形。通过计算接收传感器接收到的两组波包的时间差乘以超声导波的传播速度，就能得出接地网导体缺陷的实际位置，反射波波峰的幅值可以用来估算接地网导体的缺陷大小。对于变电站接地网的腐蚀检测理论上仅需考虑震源激励和接收传感器的安装位置，特别是针对接地网引出线的腐蚀检测，无须对变电站接地网进行开挖。

（四）检测案例

单根扁钢是接地网导体中最简单的一种结构，为了接地网腐蚀诊断系统在接地网导体腐蚀检测中的有效性，这里采用镀锌扁钢对单根扁钢的腐蚀诊断进行实验研究。

1. 单根扁钢的腐蚀位置诊断

为了验证接地网腐蚀诊断系统在接地网导体腐蚀位置检测中的有效性。开展如下对于单根扁钢腐蚀位置诊断的实验,检测平台如图 3-20 所示。

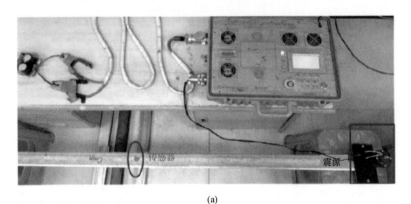

(a)

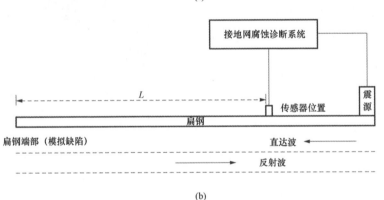

(b)

图 3-20 单根扁钢腐蚀位置检测平台

(a) 检测平台(实物);(b) 检测平台示意图

在单根扁钢腐蚀位置诊断的实验平台中,采用一个 IC 压电加速度传感器接收直达波和扁钢端部(模拟缺陷)的反射波信号,并对传感器接收到的原始数据进行滤波处理。在实际测量中,根据传感器位置和扁钢端部位置间的距离 L 不同,分成六组实验来完成对单根扁钢腐蚀位置的诊断,其中 L_1 为 1.6m,L_2 为 1.4m,L_3 为 1.2m,L_4 为 1.0m,L_5 为 0.8m,L_6 为 0.6m。可以得到六组实验波形,如图 3-21 所示。

根据图 3-21 可以看出,接地网腐蚀检测明显的直达波信号和腐蚀位置反射信号,进一步通过测定直达波波峰和反射波波峰达到的时间差,可以计算出

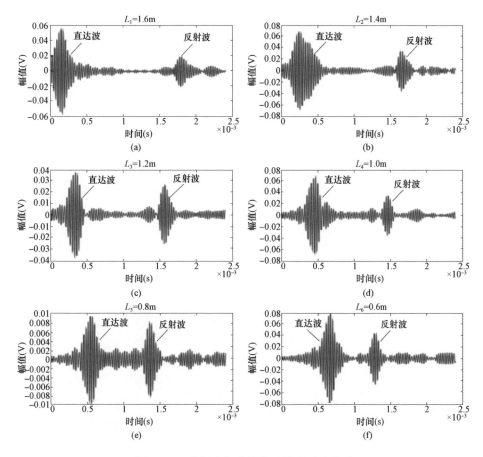

图 3-21 单根扁钢腐蚀位置检测试验波形

(a) 传感器位置和扁钢端部位置间的距离 L_1 为 1.6m；(b) 传感器位置和扁钢端部位置间的距离 L_2 为 1.4m；
(c) 传感器位置和扁钢端部位置间的距离 L_3 为 1.2m；(d) 传感器位置和扁钢端部位置间的距离 L_4 为 1.0m；
(e) 传感器位置和扁钢端部位置间的距离 L_5 为 0.8m；(f) 传感器位置和扁钢端部位置间的距离 L_6 为 0.6m

单根扁钢的腐蚀位置，检测结果见表 3-11，可以看出本检测技术可以比较准确地定位腐蚀位置，其相对误差控制在 5% 以内。

表 3-11　　　　　　　　　单根扁钢腐蚀位置检测结果

实验编号	实际距离/m	测量距离/m	相对误差/%
1	1.6	1.587	0.81
2	1.4	1.364	2.57
3	1.2	1.187	1.08

续表

实验编号	实际距离/m	测量距离/m	相对误差/%
4	1.0	0.980	2.00
5	0.8	0.785	1.87
6	1.6	0.594	2.00

2. 单根扁钢的腐蚀程度诊断

在接地网导体的腐蚀诊断中，腐蚀位置处的腐蚀程度诊断是一个非常重要的检测部分。对于不同腐蚀程度的腐蚀位置，其反射波波峰的幅值大小相对于直达波波峰的幅值大小是不同的。接地网导体腐蚀程度诊断可以通过检测反射波波峰的幅值大小和直达波波峰的幅值大小来进行判断。为了保证接地网腐蚀诊断系统在接地网导体腐蚀程度检测中的有效性，开展对于单根扁钢腐蚀程度诊断的实验，检测平台如图 3-22 所示。

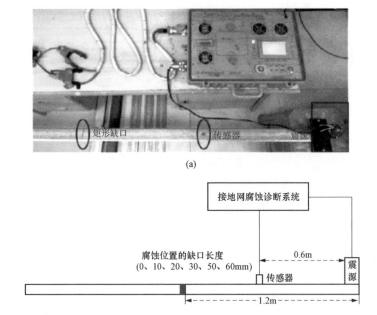

(a)

(b)

图 3-22　单根扁钢腐蚀程度检测平台

(a) 检测平台（实物）；(b) 检测平台示意图

在单根扁钢腐蚀程度诊断的实验平台中，采用一个 IC 压电加速度传感器接收直达波和腐蚀位置的反射波信号，并对传感器接收到的原始数据进行滤波处理。通过改变腐蚀位置处的腐蚀程度，分成六组实验来完成对接地网导体腐蚀程度的诊断，在腐蚀位置处采用宽度为 3mm，长度分别为 0、10、20、30，50、60mm 的矩形缺口来模拟不同截面腐蚀程度。可以得到六组实验波形，如图 3-23 所示。

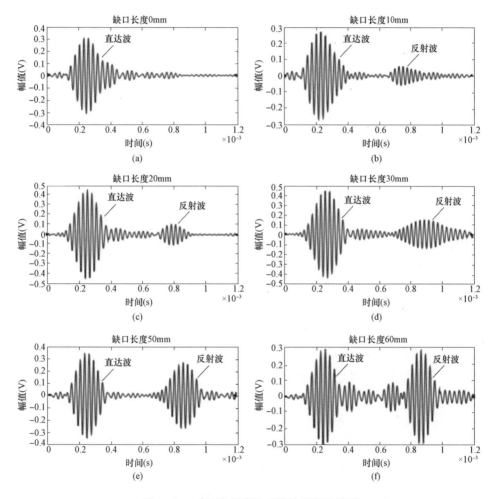

图 3-23　单根扁钢腐蚀程度检测实验波形

（a）缺口长度为 0mm 的波形；（b）缺口长度为 10mm 的波形；（c）缺口长度为 20mm 的波形；

（d）缺口长度为 30mm 的波形；（e）缺口长度为 50mm 的波形；（f）缺口长度为 60mm 的波形

从图 3-23 中可以明显看出，单根肩钢腐蚀位置的反射波波峰的信号幅值随缺口长度的增加而增强。进一步通过测定直达波波峰和反射波波峰到达的时间差。可以计算得出接地网导体的腐蚀位置以及腐蚀位置的反射波波峰的信号幅值与直达波波峰的信号幅值的比值。检测结果见表 3 - 12。

表 3 - 12　　　　　　　　　　单根扁钢腐蚀程度检测数据

实验编号	缺口长度/mm	相对腐蚀率/%
1	0	0
2	10	0.2121
3	20	0.2360
4	30	0.3271
5	50	0.7879
6	60	1.0010

从单根扁钢腐蚀程度诊断的实验数据中可以看出，扁钢腐蚀位置处的相对腐蚀与扁钢腐蚀位置处的缺口长度基本上呈正相关，即扁钢腐蚀位置处的缺口长度越长，由接地网腐蚀诊断系统检测得出的腐蚀位置处的相对腐蚀也越大。由此可见，接地网腐蚀诊断系统能够实现对扁钢不同截面腐蚀程度的检测。

三、其他非金属接地体检测

（一）石墨基复柔性接地体材料

石墨基柔性接地体（软体石墨接地极）与软体石墨接地模块是一种新型非金属导电材料，性能稳定，自身电阻率低，耐高低温，耐酸碱腐蚀，耐大冲击电流，材料性质不发生变化。软体石墨接地模块相对于软体石墨接地极直径增加数倍，与土壤接触面积增大，在相同故障电流的情况下，软体石墨接地模块能更快地将故障电流导入大地。

1. 一般规定

石墨基复柔性接地体材料和电解质材料，不应污染土壤、水源、空气和环境，不应含放射性物质的材料，不应含对人体有害的重金属。接地体（含电解质材料）的使用环境温度为 $-40 \sim +60$℃。

2. 检测内容

石墨基柔性接地体的检测一般包括耐浸泡腐蚀性能测试（耐碱性、耐酸性、耐盐水性）、浸泡腐蚀试验后的工频电流耐受性能测试、浸泡腐蚀试验后的抗拉性能测试。

3. 检测方法及要求

石墨基柔性接地体的检测应符合：

(1) 耐浸泡腐蚀性能试验应按 DL/T 2095—2020《输电线路杆塔石墨基柔性接地体技术条件》中 6.6.1 的规定执行。

(2) 浸泡腐蚀试验后的工频电流耐受性能试验应按 DL/T 2095—2020 中 6.6.2 的规定执行。

(3) 浸泡腐蚀试验后的抗拉性能试验应按 DL/T 2095—2020 中 6.6.3 的规定执行。

4. 检测时机

石墨基柔性接地体的检测时机应符合：

(1) 每种型号的产品定型及批量生产前，应按 DL/T 2095—2020 中表 3 的规定进行型式试验。

(2) 供方提供产品时，应按 DL/T 2095—2020 中表 3 的规定进行出厂试验，按批次提供产品的原材料检验报告。

(3) 需方收到产品后，应按批次按 DL/T 2095—2020 中表 3 的规定进行抽检试验。

(二) 接地模块

1. 一般规定

接地模块应满足使用环境及设计年限要求。接地模块的电极芯材质宜与接地材料相匹配。

2. 检测内容

接地模块的检测一般包括尺寸、表面质量、室温电阻率、酸碱度、腐蚀性能。

3. 检测方法及要求

接地模块的检测应符合：

(1) 尺寸用分度值不大于 1.0mm 的测量工具进行测量，应按 DL/T 1677—2016《电力工程用降阻接地模块技术条件》中 7.1 的规定执行。

(2) 表面质量采用目视进行检测，应按 DL/T 1677—2016 中 7.2 的规定执行。

（3）室温电阻率测量应按 DL/T 1677—2016 中 7.3.1 的规定执行。

（4）酸碱度测试应按 DL/T 1677—2016 中 7.5.1 的规定执行。

（5）腐蚀性能测试应按 DL/T 1677—2016 中 7.5.2 的规定执行。

4.检测时机

接地模块应在以下情况进行检测：

（1）每种型号的接地模块产品在产品定型及批量生产前，对尺寸、表面质量、室温电阻率、酸碱度、腐蚀性能进行型式试验。

（2）出厂试验、抽检试验阶段，对尺寸、表面质量、室温电阻率进行检测。

（3）其他试验项目：以同一原料、同一工艺生产的产品且不超过 500 个，为一检验批次，每批抽样不少于该批量的 1%，最低样品数不少于 3 个。如有一项不合格，从该批产品中抽取双倍数量的试样进行重复试验；重复试验结果全部合格，则判定该批次产品合格；若复试验结果仍有试样不合格，则判定该批次产品不合格。

四、高压直流接地极馈电元件检测

高压直流接地极馈电元件用碳钢、高硅铸铁、高硅铬铁制作，馈电元件易发生腐蚀。

（一）检测内容

高压直流接地极馈电元件检测内容一般包括外观、尺寸、化学成分、耐腐蚀性。

（二）检测方法

（1）高压直流接地极馈电元件外观采用目视进行检测，必要时采用放大镜。

（2）高压直流接地极馈电元件直径用分度尺值为 0.02mm 的测量工具在任意位置测量 3 处，取平均值，长度用分度值不大于 1.0mm 的测量工具进行测量。

（3）高压直流接地极馈电元件化学成分分析应按 GB/T 223.3—1988《钢铁及合金化学分析方法 二安替比林甲烷磷钼酸重量法测定磷量》、GB/T 223.4—1988《钢铁及合金 锰含量的测定 电位滴定或可视滴定法》、GB/T

223.5—2008《钢铁　酸溶硅和全硅含量的测定　还原型硅钼酸盐分光光度法》、GB/T 223.7—2002《铁粉　铁含量的测定　重铬酸钾滴定法》、GB/T 223.11—2008《钢铁及合金　铬含量的测定　可视滴定或电位滴定法》、GB/T 223.67—2008《钢铁及合金　硫含量的测定　次甲基蓝分光光度法》、GB/T 223.69—2008《钢铁及合金　碳含量的测定　管式炉内燃烧后气体容量法》的规定检测。

（4）高压直流接地极馈电元件耐腐蚀性能试验按 DL/T 1675—2016《高压直流接地极馈电元件技术条件》中 7.1.5 执行。高压直流接地极馈电元件的质量判定应按 DL/T 1675—2016 中 6.1.1、6.1.2、6.1.3、6.1.5 的规定执行。

（三）检测时机和比例

外观、尺寸在型式试验、出厂试验、验收试验阶段均需要抽检，化学成分和耐腐蚀性能在型式试验阶段抽检。每批抽检不少于该批量的 1%，最低样品数不少于 3 个。

五、放热焊接接头检测

放热焊接的化学原理是利用铝热反应，通过外部加温，产生化学反应，将铜材置换出来，变成温度极高的铜溶液，流入焊接磨具内，将接地街或接地线连接成整体，形成分子结合。化学方程式有

$$3CuO + 2Al = 3Cu + Al_2O_3 + 热量(2537℃) \tag{3-1}$$

由于放热焊接工艺使接地材料做到了分子结合，连接点的截面积是所连接接地材料截面积的两倍以上，连接点的机械强度、耐腐蚀能力，耐高温能力，过载能力均等于甚至强于接地原材。相比而言，机械连接或螺栓连接的接点的接触面要小于所连接的接地材料截面，连接点的机械强度、耐腐蚀能力、耐高温能力，过载能力均较差。检测适用于电气接地工程用放热焊接接头。

（一）检测内容

应对放热焊接接头外观和截面质量进行检测。

（二）检测方法

放热焊接接头外观目视，截面质量切开后目视。接地件放热焊接接头的质量判定依据应按 DL/T 1342—2014《电气接地工程用材料及连接件》附录 A 中 A.2 的规定执行。

（三）检测时机

接地件放热焊接接头外观检查，出厂试验时 100％抽检，型式试验时每批次抽检 3 个，接地件放热焊接接头截面质量检查要求每批次抽检 3 个。

第四章 电网腐蚀图绘制技术

大气腐蚀图是一种能直观展现地图范围内不同区域腐蚀等级、风险水平和实现腐蚀数据可视化的一种方法。在经过大量腐蚀试验,积累了大量的腐蚀数据后,通过运用腐蚀数据绘制大气腐蚀图,更加直观地呈现不同地区的大气腐蚀风险和腐蚀原因,进而可以有效预测不同材料在不同地区的腐蚀寿命,为材料的选择、腐蚀防护措施和长期维修方案提供直接参考依据。

第一节 资料采集方法

一、环境数据

绘制电网腐蚀图所需的环境数据主要包括年平均温度、年平均湿度、SO_2 年均沉降量、Cl^- 年均沉降量 4 种环境参数。这 4 种环境参数的获取方式主要有 3 种途径:①通过官方途径获取;②按照 GB/T 19292.3—2018 中规定的试验方法进行现场试验获取数据;③通过在线监测的方法获取实时监测数据,然后通过计算得到年均数据。

二、标准试样腐蚀速率

电网大气腐蚀图是根据标准金属试样一年期现场腐蚀速率绘制的,标准试样现场试验示例见图 4-1。标准金属材料腐蚀速率可以通过现场试验获得或通过 GB/T 19292.1—2018 第 8 章中的剂量 - 响应函数获得。碳钢、锌、铜和铝 4 种标准金属试样的腐蚀速率均可以用于绘制大气腐蚀图,而绘制电网大气腐蚀图时推荐使用标准锌或热镀锌的年均腐蚀速率。

标准金属试样年腐蚀速率是通过在试验点布样进行现场试验获得。选取试验点时遵循以下原则:

(1)用于绘制大气腐蚀等级分布图的数据点应均匀分布;

（2）每 1000～1500km² 区域内应至少有 1 个试验点；

（3）在化工区或沿海等区域应适当增加数据点；

（4）特高压变电站、特高压换流站应优先布置试验点。

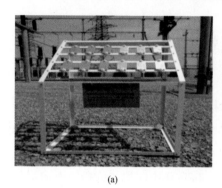
(a)

(b)

图 4-1　现场试验布点示例

（a）河南 220kV 棠溪站；（b）吉林 500kV 昌盛站

第二节　腐蚀等级的划分方法

一、大气腐蚀等级的划分

（一）金属材料年腐蚀速率

在 GB/T 19292.1—2018 中将大气腐蚀等级由轻到重分为 C1、C2、C3、C4、C5 和 CX 一共 6 个等级。标准中，确定研究区域大气腐蚀性的依据是第一年的腐蚀损失，4 种材料标准试样一年的腐蚀速率和腐蚀速率对应的腐蚀等级见表 4-1。为便于实际中应用，在国家电网有限公司的《电网输变配电设备防腐指导意见》中将 C1～C3 腐蚀等级的环境定义为一般腐蚀环境；C4 级以上腐蚀等级的环境定义为重腐蚀环境。

表 4-1　　　　　　不同腐蚀等级下不同金属材料第一年的腐蚀速率

腐蚀性等级	金属腐蚀速率 r_{corr}				
	单位	碳钢	锌	铜	铝
C1	g/(m² · a)	≤10	≤0.7	≤0.9	忽略
	μm/a	≤1.3	≤0.1	≤0.1	—

续表

腐蚀性等级	金属腐蚀速率 r_{corr}				
	单位	碳钢	锌	铜	铝
C2	g/(m² · a)	$10 < r_{corr} \leq 200$	$0.7 < r_{corr} \leq 5$	$0.9 < r_{corr} \leq 5$	≤ 0.6
	μm/a	$1.3 < r_{corr} \leq 25$	$0.1 < r_{corr} \leq 0.7$	$0.1 < r_{corr} \leq 0.6$	—
C3	g/(m² · a)	$200 < r_{corr} \leq 400$	$5 < r_{corr} \leq 15$	$5 < r_{corr} \leq 12$	$0.6 < r_{corr} \leq 2$
	μm/a	$25 < r_{corr} \leq 50$	$0.7 < r_{corr} \leq 2.1$	$0.6 < r_{corr} \leq 1.3$	—
C4	g/(m² · a)	$400 < r_{corr} \leq 650$	$15 < r_{corr} \leq 30$	$12 < r_{corr} \leq 25$	$2 < r_{corr} \leq 5$
	μm/a	$50 < r_{corr} \leq 80$	$2.1 < r_{corr} \leq 4.2$	$1.3 < r_{corr} \leq 2.8$	—
C5	g/(m² · a)	$650 < r_{corr} \leq 1500$	$30 < r_{corr} \leq 60$	$25 < r_{corr} \leq 50$	$5 < r_{corr} \leq 10$
	μm/a	$80 < r_{corr} \leq 200$	$4.2 < r_{corr} \leq 8.4$	$2.8 < r_{corr} \leq 5.6$	—
CX	g/(m² · a)	$1500 < r_{corr} \leq 5500$	$60 < r_{corr} \leq 180$	$50 < r_{corr} \leq 90$	$r_{corr} > 10$
	μm/a	$200 < r_{corr} \leq 700$	$8.4 < r_{corr} \leq 25$	$5.6 < r_{corr} \leq 10$	—

（二）剂量响应函数

为了对大气环境的腐蚀性进行评定，国际标准化组织在其颁布的 ISO 9223：1992《金属与合金的腐蚀　大气腐蚀性　分类》（*Corrosion of metals and alloys Corrosivity of atmospheres Classification*）中，利用润湿时间（τ）、二氧化硫（SO_2）沉积速率、氯离子（Cl^-）沉积速率，并采用查表的方式推测大气环境的腐蚀性等级。一些学者在该标准的基础上进一步建立了环境参数（时间、温湿度、润湿时间、二氧化硫沉积速率、氯离子沉积速率等）与腐蚀速率之间的换算公式，即剂量响应函数（dose - responde function，DRF）。随着众多全球性腐蚀暴露试验的开展（如 ISO CORRAG、ICP Materials 和 MICAT 等工程）和数据的积累，剂量响应函数经历了由幂指数、线性函数到指数函数的演变过程，其重要性和可靠性得到了腐蚀领域研究人员的广泛认可。因此，在新制定的大气腐蚀性分级标准 ISO 9223：2002 中，正式引入了剂量响应函数。

碳钢的剂量响应函数有：

$$r_{corr} = 1.77 \cdot P_d^{0.52} \cdot \exp(0.020 \cdot RH + f_{St}) + 0.105 \cdot S_d^{0.62} \cdot$$
$$\exp(0.033 \cdot RH + 0.040 \cdot T) \tag{4-1}$$

式中　r_{corr}——金属的第一年腐蚀速率，$\mu m/a$。

　　　　P_d——年平均 SO_2 沉积率，$mg/(m^2 \cdot d)$。

　　　　RH——年平均相对湿度，%。

　　　　f_{St}——碳钢相关系数，当 $T \leqslant 10℃$ 时，$f_{St} = 0.15 \cdot (T-10)$；当 $T >$
　　　　　　　$10℃$ 时，$f_{St} = -0.54 \cdot (T-10)$，$N=128$，$R^2=0.85$。

　　　　S_d——年平均 Cl^- 沉积率，$mg/(m^2 \cdot d)$。

　　　　T——年平均温度，单位为摄氏度（℃）。

锌的剂量响应函数有：

$$r_{corr} = 0.0129 \cdot P_d^{0.44} \cdot \exp(0.046 \cdot RH + f_{Zn}) + 0.0175 \cdot S_d^{0.57} \cdot$$
$$\exp(0.008 \cdot RH + 0.085 \cdot T) \tag{4-2}$$

式中　f_{Zn}——锌相关系数，当 $T \leqslant 10℃$ 时，$f_{Zn} = 0.038 \cdot (T-10)$；当 $T >$
　　　　　　　$10℃$ 时，$f_{St} = -0.071 \cdot (T-10)$，$N=114$，$R^2=0.78$；

铜的剂量响应函数有：

$$r_{corr} = 0.0053 \cdot P_d^{0.26} \cdot \exp(0.059 \cdot RH + f_{Cu}) + 0.01025 \cdot S_d^{0.27} \cdot$$
$$\exp(0.036 \cdot RH + 0.049 \cdot T) \tag{4-3}$$

式中　f_{Cu}——铜相关系数，当 $T \leqslant 10℃$ 时，$f_{Cu} = 0.126 \cdot (T-10)$；当 $T >$
　　　　　　　$10℃$ 时，$f_{Cu} = -0.080 \cdot (T-10)$，$N=121$，$R^2=0.88$；

铝的剂量响应函数有：

$$r_{corr} = 0.0053 \cdot P_d^{0.26} \cdot \exp(0.059 \cdot RH + f_{Al}) + 0.01025 \cdot S_d^{0.27} \cdot$$
$$\exp(0.036 \cdot RH + 0.049 \cdot T) \tag{4-4}$$

式中　f_{Al}——铝相关系数，当 $T \leqslant 10℃$ 时，$f_{Al} = 0.009 \cdot (T-10)$；当 $T >$
　　　　　　　$10℃$ 时；$f_{Al} = -0.043 \cdot (T-10)$，$N=113$，$R^2=0.65$。

二、土壤腐蚀等级的划分

（一）金属材料年腐蚀速率

Q/GDW 12015—2019 中根据电网中常用金属材料的标准试样在不同土壤中的一年腐蚀速率大小将土壤腐蚀等级分为微、弱、中、强、特强五个等级，不同土壤腐蚀等级下不同金属材料的年平均腐蚀速率见表 4-2。在新疆、青海等地区，为减小冻土对接地材料腐蚀的影响，接地材料的埋样深度会有所差异。

表4-2　　　　　　不同土壤腐蚀等级下不同金属材料的年平均腐蚀速率

土壤腐蚀等级		微	弱	中	强	特强
金属腐蚀速率（失重法）mm/a	碳钢	<0.010	0.010~0.035	0.035~0.065	0.065~0.090	0.090~0.15
	热镀锌钢	<0.005	0.005~0.010	0.010~0.020	0.020~0.045	0.045~0.075
	铜及铜覆钢	<0.001	0.001~0.003	0.003~0.007	0.007~0.012	0.012~0.017

注　考虑到天津大港、青海格尔木等含盐量高的特殊重腐蚀地区，依据 DL/T 1554—2016 多因子评级定义为强级别的土壤；同时含盐量大于等于 1.5%，定义为强腐蚀性特殊地区。

（二）多指标评价法

如果没有材料的一年腐蚀速率值或不具备现场埋片试验条件时，也可根据土壤的环境特性，对土壤进行腐蚀评价。在电力行标 DL/T 1554—2016 中规定了采用土壤类型、土壤状况、土壤电阻率、含水量、pH 值、总酸度、氧化还原电位等 12 种土壤环境因素，通过打分法来评价土壤腐蚀等级。土壤腐蚀性影响因素及评价指数见表 4-3，土壤腐蚀性影响因素及评价指数见表 4-4。

表4-3　　　　　　　　土壤腐蚀性影响因素及评价指数

项目名称	内容及指标		评价指数
土壤类型	石灰质土、石灰质泥灰土、沙质泥灰土（黄土）、沙土		+2
	壤土、壤质泥灰土、含砂量不大于 75% 的壤质土和黏质沙土		0
	黏土、黏质泥灰土、腐殖土		-2
	泥灰土、淤泥土、沼泽土		-4
土壤状况	埋设物深处是否有地下水	无	0
		有或时有时无	-1
	自然土壤		0
	含有垃圾碎砖的土壤		-2
	埋设物部位土壤均匀		0
	埋设物部位土壤不均匀		-3

项目名称	内容及指标	评价指数
土壤电阻率/ (Ω·m)	>100	0
	>50 且≤100	−1
	>23 且≤50	−2
	>10 且≤23	−3
	≤10	−4
含水量/%	<20	0
	≥20	−1
pH 值	>6	0
	≤6	−1
总酸度 (KB7.0)/ (mmol/kg)	<2.5	0
	≥2.5 且<5	−1
	≥5	−2
氧化还原电位 /mV	>400 透气性强	+2
	>200 且≤400 中度透气性	0
	>0 且≤200 弱透气性	−2
	≤0 不透气性	−4
总碱度 (KB4.3)/ (mmol/kg)	>1000	+2
	≤1000 且>200	+1
	≤200	0
硫化氢和硫化物 (S^{2-})/ (mg/kg)	无	0
	<0.5	−2
	≥0.5	−4
煤粉或焦炭粉	无	0
	有	−4
氯离子/ (mg/kg)	<100	0
	≥100	−1
硫酸盐总量/ (mg/kg)	<200	0
	≥200 且<500	−1
	≥500 且<1000	−2
	≥1000	−3

表 4 - 4   土壤腐蚀性评价

评价指数综合	土壤腐蚀性
>0	微
0〜−4	弱
−5〜−10	中
<−10	强

第三节　绘图插值模型及技术

一、空间插值模型

大气腐蚀图的绘制方法主要采用空间插值法。空间插值法是一种通过已知点或分区数据，推求任意点或分区数据的方法，它主要基于研究区域内一系列现场暴露试验点的腐蚀速率数据，这些点代表着所研究区域内腐蚀速率的变化规律。空间插值法是一种应用于将离散点的测量数据转换为连续数据表面的算法，能够将连续数据曲面与其他空间现象的分布情况进行比较，它在空间信息方面具有广泛的应用场景。

常见的插值方法有反距离加权法（inverse distance weight，IDW）、克里金法（Kriging Method）、协同克里金法（Co‐Kriging）、通用克里金法（Universal Kriging）、析取克里金法（Disjunctive Kriging）等。后三种插值方法是当存在多变量、随机场和指数之间存在非线性关系等情况时，由克里金法改进而来。所以进行腐蚀速率空间插值分析主要研究反距离加权法和克里金法。反距离加权法和克里金法两种空间插值方法都是局部插值法，两者都是通过已知点位的数据推算未知点位的数据，换而言之就是具有空间的相关性。离已知点位越近的点位其数据特征就更加相似，反之离得越远数据之间相似程度就越低。所以进行空间插值分析，插值点位的数量越多。

（一）克里金法

克里金插值法起始于采矿领域的应用，之后被广泛应用于地下水数据模拟、土壤数据制图等方面的研究。克里金插值是一种求最优、线性、无偏的空间内插方法，提供了依据某种规定的优化准则函数动态决定变量数值的插值优化策略。克里金插值方法的重点在于权重系数的确定，从而使内插函数一直保持在最佳状态，对给定点上的变量值提供最好的线性无偏估计。

设待插值区域为 A，插值属性为 $Z(x)$，x 表示空间一维、二维、三维坐标，$Z(x)$ 在样本位置 $x_i(i=1,2,\cdots,n)$ 处的属性值为 $Z(x_i)(i=1,2,\cdots,n)$。按照克里金插值原理，待插值点 x_0 处的插值属性值 $Z(x_0)$ 是 n 个样本点属性值的加权和，即：

$$Z(x_0) = \sum_{i=1}^{n}\lambda_i Z(x_i) \quad (i=1,2,\cdots,n) \tag{4-5}$$

式中 λ_i——待求权值。

区域属性变量 $Z(x)$ 在整个数据区域满足二阶平稳性假设，即：

(1) $Z(x)$ 的数学期望存在，且为恒定，即 $E[Z(x)]=m$，m 为常数；

(2) $Z(x)$ 的协方差 $\mathrm{cov}(x_i,x_j)$ 存在，且只与数据点的相对位置有关。

根据无偏特性要求：$E[Z^*(x_0)]=[Z(x_0)]$，待求权值应满足：

$$\sum_{i=1}^{n}\lambda_i = 1 \tag{4-6}$$

在无偏的条件下取估计方差最小值，以 μ 表示拉格朗日乘子，需要实现 $\min\{Var[Z^*(x_0)-Z(x_0)]-2\mu\sum_{i=1}^{n}(\lambda_i-1)\}$，可通过式(4-7)求解权系数 $\lambda_i(i=1,2,\cdots,n)$。

$$\begin{cases} \sum_{i=1}^{n}\lambda_i C(x_i,x_j)-\mu = C(x_i,x_0) \\ \sum_{i=1}^{n}\lambda_i = 1 \end{cases} \tag{4-7}$$

根据求出的权系数 $\lambda_i(i=1,2,\cdots,n)$，可以求出待插值点 x_0 处的属性值 $Z^*(x_0)$。若式 4-7 中的协方差 $C(x_i,x_j)$ 采用变异函数 $\gamma(x_i,x_j)$ 表示时，求解权系数 $\lambda_i(i=1,2,\cdots,n)$ 的方程形式见式（4-8）。

$$\begin{cases} \sum_{i=1}^{n}\lambda_i \gamma(x_i,x_j)-\mu = \gamma(x_i,x_0) \\ \sum_{i=1}^{n}\lambda_i = 1 \end{cases} \tag{4-8}$$

变异函数是克里金插值法的基础，插值过程中要首先确定所研究数据区域的对应变异函数，$Z(x)$ 的变异函数定义为：

$$\gamma(x_i,x_j) = \frac{1}{2}E\{[Z(x_i)-Z(x_j)]^2\} \qquad (4-9)$$

插值范围内的数值变异是指待插值的属性在空间中随着坐标变化而变化的性质。不同结构及参数的变异函数反映出空间变异性的不同，变异函数的确定就是一个对空间数据结构进行分析的过程。常用的变异函数模型主要有稳态模型、三角模型、球面模型、指数模型和高斯模型等。

克里金插值法能得到数据的无偏估计，反映了属性的空间结构性，同时能得到估计精度。但是，克里金插值法保证了数据估计的局部最优，却不能保证数据的总体最优，对估计值的整体空间相关性考虑不够。此外，克里金插值法是一种光滑的内插方法，为了减小估计方差而对真实的样本数据进行了平滑处理，使得一些有意义的异常点被光滑掉，对稀疏数据的插值效果不好。克里金插值法示意图见图 4-2。

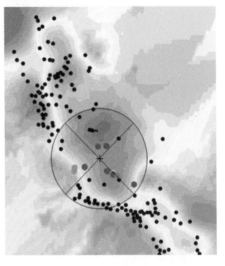

图 4-2 克里金插值法示意图

（二）反距离加权法

反距离加权法最初是由 Shepard 提出，后来经过持续不断的改进发展。它最重要的一个假设就是观测点对于插值点都会有局部影响，任意一个观测点的值对插值点值的影响都是随着距离的不断增加而不断减弱的，在估计插值点的值时，假设距离估计插值点最近的 N 个观测点对该插值点有影响，则这 N 个观测点对插值点的影响与它们之间的距离成反比关系，示意图见图 4-3。

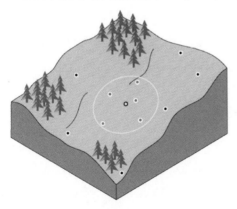

图 4-3 反距离加权插值示意图

因此，更接近插值点的观测点将被赋予的权重更大，而且权重的和为 1。IDW 的数学表达式为：

$$Z_0 = \sum_{i=0}^{n} Z_i Q_i \qquad (4-10)$$

式中　Z_0——点（x_0，y_0）处的估计值；

　　　Q_i——估计插值点与观测点相对应的权重系数；

　　　n——预测过程中使用的预测点周围样点的数量。

权重系数 Q_i 的计算是反距离加权算法的关键，通常由式（4-11）给出：

$$Q_i = \frac{f(d_{ej})}{\sum_{j=1}^{n} f(d_{ej})} \qquad (4-11)$$

式中　n——已知观测点的数量；

$f(d_{ej})$——已知观测点与插值点之间已知距离 d_{ej} 的权重函数。

$f(d_{ej})$ 最常用的一种形式是：

$$f(d_{ej}) = \frac{1}{d_{ej}^{b}} \qquad (4-12)$$

式中　b——合适的常数。

当 b 取值为 1 或 2 时，此时是反距离倒数插值和反距离倒数平方插值。

反距离权重插值作为一种全局插值算法，它的所有离散观测点都将参与每一插值点数值的计算；同时，它也是一种精准插值，插值生成的曲面中预测的观测值与实测的观测值完全一致。它综合了基于泰森多边形的自然邻域法和多元回归渐变方法的优点，不仅考虑了距离因子，还为邻近插值点的离散观测点根据距离分配权重；当出现各向异性时，还会考虑方向的权重。距离权重函数与从插值点到观测点的距离次幂成反比，随着观测点与插值点之间距离的不断扩大，权重呈现幂函数递减趋势。两个物体离得越近，它们的值越相似；反之，离得越远则相似性越小。它以插值点与样本点间的距离为权重进行加权平均，离插值点越近的样本点赋予的权重越大。

二、检验方法

交叉验证是一种常用的精度验证方法，首先，假定每一个观测站点的气温值未知，而用周围站点的观测值来估算，然后计算所有站点实际观测值与估算值的差作为误差，依此来判断估值方法的优劣。通过监测站点实测数据与预测数据的误差来评估各种方法的优劣。为了能够使定量与定性评估相兼顾，通常采用平均绝对误差、相对平均误差和均方根误差三个要素来作为评价插值效果的标准，见式（4-13）～式（4-15）。

$$MAE = \frac{1}{n}\sum_{i=1}^{n} abs(C_{ai} - C_{ei}) \qquad (4-13)$$

$$MRE = \frac{1}{n}\sum_{i=1}^{n} abs\left(\frac{C_{ai} - C_{ei}}{C_{ai}}\right) \qquad (4-14)$$

$$RMSE = \sqrt{\frac{1}{n}\sum_{i=1}^{n}(C_{ai} - C_{ei})^2} \qquad (4-15)$$

式中 C_{ai}——第 i 个站点的实际观测值；

$\quad\quad C_{ei}$——第 i 个站点的估算值；

$\quad\quad n$——用于检测的站点数目。

绝对平均误差反映出了估计值的实测误差范围，定量地给出误差；相对平均误差能够反映不同数据量或不同要素的误差相对值，相对平均误差定性地给出误差范围；均方根误差可以反映利用样本数据，均方根越小，插值结果越好。

第四节 电网腐蚀等级图查询方法

电网大气腐蚀等级和腐蚀速率的查询有以下三种方式。

一、直接查询

根据输电线路、变电站、换流站等所处位置，可在分布图（纸质版）对应位置进行查询，这种方法只适用于粗略查询。

二、经纬度查询

获取查询地点的经纬度，通过国网公司内网邮箱联系智研院负责人，获取查询点的腐蚀等级和材料腐蚀速率。

三、国网公司内网网站查询

可通过国网公司内网网站进行大气腐蚀等级和腐蚀速率的查询。

第五章　常用电网设备腐蚀防护技术

电网设备的材料防腐技术措施主要有三种：

（1）合理选材。从材料本体着手，结合应用场景与需求，选择同时满足耐蚀性与实用性的材质。

（2）金属与非金属覆盖层。在材料表面进行表面处理，形成防护层，将金属表面与外界腐蚀介质隔离，达到防腐目的。

（3）合理结构设计。在设备结构设计上充分考虑防腐需求，避免流体物质的停滞与聚集浓缩、电偶腐蚀等现象，防止局部腐蚀。

第一节　选　材

材料是构成设备或结构的基础，材料的选择是腐蚀防护设计的首要环节。金属构件的腐蚀破坏事故常由选材不当造成，因此正确选材是最重要也最广泛使用的防腐技术措施。

用于腐蚀环境中的设备和结构，材料选择要考虑的原则有：

（1）依据工作环境设备服役环境中温度、湿度、腐蚀介质种类等特定条件正确选材。

（2）按用途、物理、力学性能及特殊要求正确选材。

（3）综合考察材料对各类腐蚀类型的耐蚀性，充分考虑均匀腐蚀、电偶腐蚀、缝隙腐蚀等各种腐蚀情况，综合性选材。

（4）按预期使用寿命、运维检修等要求，并综合考虑材料的经济性和环保性。

电网设备常用的金属材料包括以钢铁为代表的黑色金属材料和有色金属材料。铁、铬和锰成为黑色金属材料，其余的金属材料统称为有色金属材料。工程上最重要的有色金属是 Al、Cu、Zn、Sn、Pb、Mg、Ti、Ni 及其合金。有色金属材料的消耗虽然不及金属材料总消耗的 10%，但因为其具有良好的导电、导热性能，在电力工程中占有重要地位。

本节主要介绍电网设备常用金属材料的类型、合金成分及其耐腐蚀性，作为电网设备腐蚀防护中差异化选材的基础，也可作为防腐差异化选材的指导。选用的金属材料及其部件应符合相应的国家标准、行业标准、企业标准和订货技术条件。生产厂家应提供产品合格证或质量证明书，且应标明产品材料牌号、化学成分、力学性能、表面处理工艺、热处理工艺等，必要时应进行抽检，检验的方法、范围、数量应符合 GB/T 2828.1—2012《计数抽样检验程序　第 1 部分：按接受质量限（AQL）检索的逐批检验抽样计划》的规定。

一、钢材

（一）碳钢

碳钢是指碳含量小于 1.7wt% 的铁碳合金（碳含量在 1.7～4wt% 范围内的铁碳合金叫铸铁）。碳素结构钢、低合金高强度钢、优质碳素结构钢技术指标应分别符合 GB/T 700—2006《碳素结构钢》、GB/T 1591—2018、GB/T 699—2015《优质碳素结构钢》和 Q/GDW 11717 的要求。热轧钢板和钢带技术指标应符合 GB/T 709—2006《热轧钢板和钢带的尺寸、外形、重量及允许偏差》的要求，热轧钢棒技术指标应符合 GB/T 702—2017《热轧钢棒的尺寸、外形、重量及允许偏差》的要求，热轧型钢技术指标应符合 GB/T 706—2016《热轧型钢》的要求，钢管技术指标应符合 GB/T 8162—2018《标准无缝钢管》的要求。

碳在钢中以碳化物的形式存在。从耐腐蚀角度看，碳含量在不同的介质中具有不同的影响。在酸性溶液中含碳量增加，腐蚀速率增大；但在氧化性酸中，含碳量增加到一定程度，腐蚀速率下降；在大气、淡水、海水等中性溶液中，碳含量对腐蚀的影响不大。

铁碳合金在室温下有三种相：铁素体、渗碳体和石墨。铁素体为含碳量低于 0.08wt% 的纯铁，渗碳体为 Fe_3C，而石墨则为游离碳。在化学腐蚀物中，他们的电极电位不同，铁素体电位较负，石墨电位较正，渗碳体居中，因此钢铁在电解液中，石墨和渗碳体相对于铁素体是微阴极，在非氧化性酸中导致钢铁腐蚀加速，但在中性介质中这种影响不大。

碳钢的组织状态对其耐腐蚀性有一定影响。钢的热处理温度影响到钢的组织状态，因而也影响到钢的耐蚀性。铁碳合金从高温奥氏体区冷却之后，其各种组织产物对还原性介质的腐蚀作用有着不同程度的影响。在化学成分相同的情况下，过冷奥氏体在高温区转变为珠光体、索氏体和屈式体三种组织。以珠光体组织抗腐蚀性能最好，其次是索氏体，最差的是屈式体。这是由于钢在连续冷却转变过程中，过冷度增大，碳化物弥散度依次递增，使得氢去极化腐蚀的有效阴极面积增加的缘故。在大气、土壤和中性介质中，主要是氧的去极化腐蚀。对腐蚀速度起主要作用的是金属保护膜的性质以及溶液中氧达到阴极表面的难易程度，而不取决于碳在钢中的形态与分布，所以在大气、土壤和中性介质中，铁碳合金的组织对耐蚀性影响较小。

硫化物夹杂对碳钢耐蚀性有负面影响，各类夹杂物破坏了钢组织的连续性与均匀性，造成局部微电池腐蚀，钢中的主要夹杂物有 FeS，(MnFe)S 和 MnS 等。例如纯铁中加入少量硫，甚至可以使铁在酸中的溶解速度提高 100 倍。

（二）耐蚀低合金钢（耐候钢）

钢中合金元素总量小于 3.5wt% 的合金钢叫低合金钢。耐蚀低合金钢，也叫耐候钢，在碳钢的基础上添加少量 Cu、P、Cr、Ni、Mo 等元素提高钢的耐腐蚀性能，技术指标应符合 GB/T 4171—2008《耐候结构钢》的要求。我国常用的耐大气腐蚀低合金钢以含 Cu 系列为主，如 16MnCu、10MnSiCu。耐候钢种类繁多，但其抗腐蚀原理基本一致，即通过改善表面腐蚀产物成分与结构，形成致密保护锈层，延缓进一步的大气腐蚀。

耐候钢中，磷是提高钢耐大气腐蚀性能最有效的合金元素之一，在与其他元素特别是与铜联合作用时，能较大地提高钢的抗腐蚀能力；在与钒联合作用时，能提高钢的抗 H_2S 腐蚀能力，一般认为磷在提高钢的耐大气腐蚀性能方面具有特殊效果，是由于磷促进生成非晶态氧化铁致密保护膜，从而增大电阻，成为腐蚀介质进入钢基体的保护屏障，使钢内部免遭大气腐蚀，当磷形成 PO_4^{3-} 时，还起到缓蚀作用。作为合金元素使用时，磷含量在 $0.08 \sim 0.15$wt% 时耐蚀性最佳，因为过量的磷会降低钢的韧性。

耐候钢中铜（Cu）元素在基体与锈层之间形成以 CuO 为主要成分的阻挡

层，这种阻挡层与基体结合牢固，具有较好的保护作用；铜和磷等合金元素改变了锈层的吸湿性，从而提高了临界湿度，有利于提高耐蚀性。钢中含 $0.2\sim 0.5wt\%Cu$，无论在乡村大气、工业大气或海洋大气中，都具有较普通碳钢优越的耐蚀性能。

铬（Cr）对改善钢的钝化能力具有显著效果，当与铜同时添加，效果尤为明显。耐候钢中 Cr 含量一般为 $0.3\sim 1wt\%$（最高 $1.3wt\%$），当 Cr 和 Cu 同时加入钢中时，效果尤为明显。这可能是由于铜在低合金钢的大气腐蚀过程中起着活性阴极作用，促进了钢的钝化。

镍（Ni）元素能提高钢的化学稳定性，其钝化能力不如 Cr。但在加入较少的情况下作用不明显（大于 $3.5wt\%$ 时才较为有效）。要与其他合金元素配合使用，以改锈层结构。加入 Ni 能使钢的自腐蚀电位向正方向变化，增加了钢的稳定性。

钼（Mo）改善了锈层的性质，如在酸性气氛下，锈层中的氧化钼具有很高的稳定性。此外，Mo 还能促使生成非晶态的氧化膜。钼能有效提高钢的抗大气腐蚀能力，当钢中含 $0.5wt\%$ 钼时，在大气环境下，尤其是工业大气，钢的腐蚀速率可降低 $1/2$ 以上。

（三）不锈钢

不锈钢是铬含量大于 $10.5wt\%$，且具有不锈性和耐酸性能的一系列铁基合金的统称，大量的合金元素结合后续的热处理工艺可获得不同的组织和性能，按钢中的组织结构分类可分为马氏体、铁素体、奥氏体、奥氏体＋铁素体双相和沉淀硬化不锈钢五种类型。不锈钢的性能主要取决于钢中的成分及其组织。不锈钢中合金元素主要有 Cr、Ni、Mo、Si、Mn、Cu、Ti、V 等。其中 C、Ni、Mn 和铜等是奥氏体的主要形成元素。不锈钢的技术指标应符合 GB/T 20878—2007《不锈钢和耐热钢牌号及化学成分》的要求。不锈钢棒的技术指标应符合 GB/T 1220—2007《不锈钢棒》的要求，不锈钢冷轧钢板和钢带的技术指标应符合 GB/T 3280—2015《不锈钢冷轧钢板和钢带》的要求，不锈弹簧钢丝的技术指标应符合 GB/T 24588—2019《不锈弹簧钢丝》的要求，不锈钢紧固件的技术指标应符合 GB/T 3098.6—2014《紧固件机械性能 不锈钢螺栓、螺钉和螺柱》和 GB/T 3098.15—2014《紧固件机械性能 不锈钢螺母》的要求。

不锈钢的不锈性与钢中铬含量有关，钢中铬含量达到12wt%时，与大气接触，会在不锈钢表面产生一层致密的富铬氧化物钝化膜（Cr_2O_3），有效地保护不锈钢表面，特别是能防止进一步再氧化。这种氧化膜极薄（只有几微米），透过它可以看到钢表面的自然光泽，使不锈钢具有独特的表面。若表面钝化膜一旦被破坏，钢中的铬与大气中的氧重新生成钝化膜，继续起保护作用。

不锈钢遇到特殊环境，也会出现某些局部腐蚀，如孔蚀（点蚀）、晶间腐蚀、应力腐蚀、电偶腐蚀等，为克服这些腐蚀，在钢中分别加入钼、氮、钛或铌等元素，并研制了低碳、超低碳、双相不锈钢等新品种，提高不锈钢的耐蚀性。

其中奥氏体不锈钢具有面心立方晶体结构，是不锈钢中产量最大、综合性能最佳、用途最广、牌号最多且最为重要的一类不锈钢。奥氏体不锈钢特点是含铬大于18wt%，还含有8wt%左右镍及少量钼、钛、氮等元素。综合性能好，可耐多种介质腐蚀。这类钢中含有大量的Ni和Cr，使钢在室温下呈奥氏体状态。这类钢具有良好的塑性、韧性、焊接性、耐蚀性能和无磁或弱磁性，在氧化性和还原性介质中耐蚀性均较好，用来制作耐酸设备，如耐蚀容器及设备衬里、输送管道、耐硝酸的设备零件等，另外还可用作不锈钢钟表饰品的主体材料。

马氏体不锈钢是一类可以通过热处理，对钢的性能，特别是强度、硬度进行调整的不锈钢。马氏体不锈钢因含碳较高，故具有较高的强度、硬度和耐磨性，但耐蚀性稍差，用于力学性能要求较高、耐蚀性能要求一般的一些零件上，如弹簧、汽轮机叶片、水压机阀等。

铁素体不锈钢是具有体心立方晶体结构的一类不锈钢，此类不锈钢的特点是铬是钢中的主要合金化元素，分为低铬型（10~15wt%Cr）、中铬型（16~20wt%Cr）和高铬型（21~30wt%Cr）三种，与马氏体不锈钢相比，铁素体不锈钢耐蚀性好，可加工性、冷成型性、焊接性优良，热处理工艺简单，但强度、硬度较低。与奥氏体不锈钢相比，铁素体不锈钢耐点蚀、耐缝隙腐蚀、耐应力腐蚀等局部腐蚀的性能优良；但是铁素体不锈钢晶间腐蚀敏感性较高，室温韧性较差，有脆性转变温度，多用于受力不大的耐酸结构及作抗氧化钢使用。

双相不锈钢指不锈钢的组织既有奥氏体，又有铁素体，截至目前，对于两相的比例虽然尚无明确规定。双相不锈钢兼具奥氏体和铁素体不锈钢的特性。双相不锈钢与奥氏体不锈钢相比，强度较高，同时耐晶间腐蚀、应力腐蚀、点蚀、缝隙腐蚀和磨蚀等性能有了显著提高。双相不锈钢与铁素体不锈钢相比，韧性好，脆性转变温度下降，耐晶间腐蚀性能和焊接性能显著提高。

二、铝及铝合金

铝是一种延展性较好的银白色轻金属，其标准电极电位很低（$-1.663V$），在常用的金属材料中是最低的，是一种很活泼的金属，在全部的 pH 值范围内都可发生析氢腐蚀（在酸性溶液中腐蚀生成 Al^{3+}，在碱性溶液中生成 AlO_2^-）。

铝在空气中极易氧化，生成致密而坚固的氧化膜（Al_2O_3）。铝表面的氧化膜对于处在固态和液态的铝均有良好的保护作用。因为氧化膜具有以下特点：①致密，并且与基体牢固结合；②具有较高的稳定性，可保护铝基体不受腐蚀；③随着时间的延长，特别有水分时，氧化膜会增厚；④可以通过化学氧化或阳极氧化的方法生成更厚的氧化膜（化学氧化膜的厚度约为 $1\sim3\mu m$，阳极氧化膜可达 $100\mu m$，可供装饰、耐蚀等用）。然而这层氧化膜易受到卤素离子或碱离子的破坏。铝在淡水、海水、浓硝酸、各种硝酸盐、汽油及许多有机物中都具有足够的耐蚀性。

铝合金的主要元素有 Mn、Mg、Zn、Si、Cu，可通过调控合金组分与热处理工艺，获得力学、耐腐蚀性能不同的各类铝合金。铁是铝合金中常有的杂质，并对合金的耐蚀性有相当大的影响，其作用仅次于铜。铁对于铝来说，也是强阴极性元素。铁在铝中的溶解度十分低，在温度 500℃ 时也仅为 0.005wt%，过剩的铁往往生成阴极性相 $FeAl_3$，对铝形成微电偶腐蚀。变形铝及铝合金、铝及铝合金导体、铸造铝合金的技术指标应分别符合 GB/T 3190—2020《变形铝及铝合金化学成分》、YS/T 454—2003《铝及铝合金导体》、GB/T 1173—2013《铸造铝合金》和 Q/GDW 11717 的要求。

（一）铝‐锰（Al‐Mn）系合金

铝‐锰（Al‐Mn）合金具有优良的耐蚀性（是主要的耐蚀铝合金，属于防锈铝）。这是由于锰在铝合金中主要以 $MnAl_6$ 相存在。而 $MnAl_6$ 相和铝有着相同的自然电极电位，几乎没有电位差，同时与杂质 Fe 结合生成 $MnFeAl_6$，从而部分消除含铁的强阴极性相（如 $AlSi_2Fe$ 等），从而增强了耐蚀性。Al-Mn合金在大气中的耐蚀性和工业纯铝相近；在海水中与纯铝相同；在稀盐酸中的耐蚀性比纯铝好；未发现这类合金有应力腐蚀开裂的倾向。在特定条件下，有剥蚀和晶间腐蚀倾向，发生腐蚀时一般为全面腐蚀，并常伴有点蚀。

（二）铝-镁（Al-Mg）系合金

铝-镁（Al-Mg）合金为固溶体型合金，但固溶强化效果差（难以形成过饱和固溶体），主要通过加工硬化进行强化。固溶状态的镁电极电位与铝十分接近（略负），因此在中性和酸性溶液中对耐蚀性影响很小，而且镁的含量使铝对海水具有更好的耐蚀性。所以，Al-Mg 合金也是主要的防锈铝合金之一。不过，对于高镁合金，由于在热处理中易于在晶界析出电位更负的Mg_2Al_3，有点蚀、晶间腐蚀、应力腐蚀和剥蚀倾向。随着镁含量增大，点蚀倾向增加；随着冷加工变形量增大，应力腐蚀和剥蚀敏感性增加。Mg 含量小于 3.5wt%：在任何热处理状态或冷加工状态均无应力腐蚀开裂倾向；Mg 量在 3.5～5.0wt%：冷加工状态有应力腐蚀开裂的敏感性；含 Mg 量大于 5.0wt% 时：在一定退火温度下，也具有应力腐蚀的敏感性；高含镁的铝合金即使在低温放置也有应力腐蚀开裂的倾向。在 Al-Mg 合金中加入 Mn、Cr、Zr 元素可以提高抗应力腐蚀的能力。

（三）铝-铜（Al-Cu）系合金

铝-铜（Al-Cu）系合金为沉淀强化型铝合金，属于硬铝。Cu 是主要强化元素，提高强度（$CuAl_2$强化相）；但铜对铝来说是强阴极性元素（电极电位正得多），所以即使铜的含量不多，也可对铝及其合金的耐蚀性产生严重的影响。因此，随着含铜量的增加耐蚀性下降，点蚀和晶间腐蚀敏感性增加。

（四）铝-锌（Al-Zn）系合金

铝-锌（Al-Zn）系合金以锌为主要元素，添加少量 Mg、Cu，其特点为强度高、可热处理、加工性好，又称为航空铝。锌析出的金属间化合物虽然可成为铝的阴极，但其对耐蚀性的影响小于铜、铁、镍等阴极性元素。其中 Al-Zn-Mg-Cu 合金作为最常用的 Al-Zn 系铝合金，其强度可达 600MPa，是铝合金中强度最高的一类，但是应力腐蚀开裂敏感性大，还有晶间腐蚀和剥蚀倾向。

三、铜及铜合金

铜是人类历史上应用最早的金属，是最广泛的金属材料之一。与其他金属相比较，铜有较高的导电性和导热性，有良好的耐蚀性。铜及铜合金的化学成分应符合 GB/T 5231—2012《加工铜及铜合金牌号和化学成分》的要求。导电用铜棒的技术指标应符合 YS/T 615—2018《导电用铜棒》的要求，导电用铜管的技术指标应符合 GB/T 19850—2013《导电用无缝铜管》的要求，导电用铜板的技术指标应符合 GB/T 5585.1—2018《电工用铜、铝及其合金母线　第1部分：铜和铜合金母线》的要求，导电用铜带的技术指标应符合 GB/T 5584.4—2020《电工用铜、铝及其合金扁线　第4部分：铜带》的要求，导电用铜线的技术指标应符合 GB/T 3953—2009《电工圆铜线》或 GB/T 5584.2—2020《电工用铜、铝及其合金扁线　第2部分：铜及其合金扁线》的要求，铸造铜及铜合金的技术指标应符合 GB/T 1176—2013《铸造铜及铜合金》的要求。

（一）纯铜

纯铜表面呈紫色，标准电极电位比氢要正，本身有较好的耐腐蚀性能，长期暴露在大气中先生成 Cu_2O，然后逐渐形成碱性碳酸铜 $CuCO_3 \cdot Cu(OH)_3$ 和碱式硫酸铜 $CuSO_4 \cdot 3Cu(OH)_2$ 的绿色薄膜，又称"铜绿"。这种薄膜可以防止铜基体继续氧化腐蚀。但是铜对氧化性物质或硫化物敏感，在一般的化工大气（如含氯、溴、碘、硫化氢、二氧化硫、二氧化碳等）中，特别是在潮湿时，易发生腐蚀。

（二）黄铜

黄铜是以铜、锌为主的二元或多元黄铜。黄铜有优良的力学性能和工艺性能，价格比纯铜便宜。二元铜锌合金称为普通黄铜，为进一步改善和提高其性能而加入锡、锰、铝等元素成为特殊黄铜。

黄铜在潮湿大气和淡水中，都会有应力腐蚀开裂现象。黄铜中锌含量增加，其应力腐蚀开裂的倾向急剧增加，同时还引发脱锌腐蚀（Zn 含量大于15wt%）。引起应力腐蚀开裂的主要物质是氨和硫化物。水分或湿气、氧气、二氧化硫、二氧化碳、氰的存在会加速开裂。因此工业大气比乡村大气应力腐蚀开裂倾向大。室外有防雨设置的试样比无防雨设置的试样应力腐蚀开裂倾向大，因为有防雨设施的表面有硫化物沉积并吸湿，而无防雨设施的，雨水会冲走沉积物，并通风、干燥。

锡能提高黄铜的强度，并能显著提高其对海水的耐蚀性，故锡黄铜又称海军黄铜。加 1～2wt％ 的锰能显著提高黄铜的工业性能、强度和耐蚀性。铝能提高黄铜强度、硬度和耐蚀性，但使塑性降低。铝和镍同时加入，仍能形成固溶体，可改善力学性能和耐蚀性。硅和铅同时加入，不仅能使黄铜有较好的力学性能和耐蚀性，低温下也有良好的强度和塑性，而且耐磨性提高，切削加工性能也能改善。

（三）青铜

青铜是我国历史上最早使用的一种有色金属合金。一般按铜中第一主添加元素（如锡、铝、铍）分别命名为锡青铜、铝青铜、铍青铜等。与黄铜比，青铜具有更高的强度和耐蚀性。主要用于结构件、耐磨件、耐蚀弹簧件等。锡青铜是铜锡合金，具有良好的力学性能和耐磨性能，铸造工艺性能和耐蚀性能也都较好。铝青铜是含铝量 5～10wt％ 的青铜，具有比锡青铜更好的强度和塑性、冲击韧性和耐疲劳强度。耐腐蚀性能优于纯铜和锡青铜。铝青铜在大气、海水、碳酸溶液以及大多数有机酸等溶液中极为稳定。铍青铜具有高的强度极限、弹性极限、屈服极限和疲劳极限，具有较高的导电性、导热性、硬度、耐磨性、抗蠕变性、耐蚀性和耐腐蚀疲劳性。铍青铜在各种气态介质中稳定，高温下氧化程度比纯铜及其他铜合金都小。铍青铜在海水和淡水中也稳定，耐冲蚀性优于纯铜。铍青铜的晶间腐蚀倾向小，但在应力状态下，受潮湿空气和氨的作用，和其他铜合金一样有应力腐蚀开裂倾向。

（四）白铜

白铜即铜镍合金，铜镍组成的二元合金叫普通白铜。在此基础上加入铁、锌、铝、锰等元素成为铁白铜、锌白铜、铝白铜和锰白铜。白铜的耐蚀性基本类似于纯铜，常用来制造耐蚀结构件、精密仪器和装饰品。白铜具有中等以上的强度，弹性好，易于冷热压力加工、易于焊接，制造弹簧，接插件。白铜具有极高的电阻、热电势和非常小的电阻温度系数，用于做热电偶补偿导线、精密电阻和热电偶。

第二节 金属覆盖层和非金属覆盖层

金属或非金属材料覆盖层的作用是隔离腐蚀介质与金属基材,起到防腐作用。金属覆盖层是以金属或合金为材料的覆盖层,如果采用电位比基材更低的耐蚀金属覆盖层,称为阳极覆盖层,这种覆盖层不仅有隔离作用,在覆盖层破损的情况下还有阴极保护作用;如果采用电位比基材更高的耐蚀金属覆盖层,称为阴极覆盖层,这种覆盖层只有在完整状态才有保护作用,当覆盖层破损反而因电偶腐蚀加速基材腐蚀。非金属覆盖层是指采用耐蚀的非金属材料覆盖在金属基材表面,其主要代表为各类涂料。本节介绍电网设备常用的金属与非金属覆盖层种类、技术要求与选型方法。

一、金属覆盖层

电网设备常用的金属覆盖层主要包括热浸镀锌、电镀锌、电镀镍、电镀铬和电镀锡。

(一) 电网设备常用金属覆盖层

1. 热浸镀锌

热浸镀锌也称热镀锌,是将钢、不锈钢、铸铁等金属浸入熔融液态金属或合金中获得镀层的一种工艺技术。热浸镀锌层在大气、水、土壤和建筑材料中对钢铁制品均有较好的防腐保护性能。这是因为一方面镀锌层作为阻挡层隔离了钢铁基材与腐蚀介质;另一方面当表面镀锌层发生破损,镀锌层还可通过牺牲阳极机理对钢铁基材产生电化学保护作用。

传统批量式热浸镀锌工艺流程为:钢铁制件—脱脂—除锈—助镀剂—干燥—热浸镀锌—冷却—钝化—成品。助镀剂的主要作用为:①去除钢铁表面残存的氧化铁;②保持表面活化,改善镀件与锌液的浸润性。助镀剂的主要组成分为 $ZnCl_2$ 和 NH_4Cl。钢铁制件经助镀进入锌液以后发生以下反应,见式(5-1)~式(5-5):

$$NH_4Cl \rightleftharpoons NH_3 + HCl \qquad (5-1)$$

$$FeO + 2HCl \rightleftharpoons FeCl_2 + H_2O \qquad (5-2)$$

$$Fe_2O_3 + 6HCl \rightleftharpoons 2FeCl_3 + 3H_2O \qquad (5-3)$$

$$Zn + FeCl_2 \rightleftharpoons ZnCl_2 + Fe \qquad (5-4)$$

$$3Zn + 2FeCl_3 \Longrightarrow 3ZnCl_2 + 2Fe \qquad (5-5)$$

在锌液中，钢铁制件表面的铁与锌发生扩散反应形成扩散层，其主要成分为：η 相（Fe_5Zn_{26}）、δ 相（$FeZn_{17}$）、ζ 相（$FeZn_{13}$）。钢铁制件从锌液中提出时，表面覆盖上一层镀锌层，镀锌层为 η 相，其主要成分与锌液成分基本相同。热浸镀锌层就是由上述扩散层和镀锌层组成。

锌铁反应扩散形成的 ζ 相很脆，它的一部分存在于扩散层中，一部分则脱落进入锌液形成锌渣。ζ 相的形成量大不仅会增加渗层的脆性，而且会使锌渣量增大锌耗量增加。扩散层中铁含量与锌渣中铁含量之和称为铁损量。为了避免铁损量过大，镀锌温度应避开铁损量的峰值温度。普通结构钢采用 470℃以下的低温镀锌，常用温度为 440~460℃。铸铁采用 540℃以上的高温镀锌。热浸镀锌温度越高则流动性越好，对于形状复杂的零件，如螺栓，也采用高温镀锌。镀锌层（即 η 相）的厚度则与工件的提升速度和锌液的流动性有关，提升速度越快，镀锌层越厚，锌液的流动性越好，镀锌层越薄。

电网设备中热镀锌技术指标应符合 GB/T 2694—2018 和 GB/T 13912—2020《金属覆盖层　钢铁制件热浸镀层技术要求及试验方法》中的相关要求。热浸镀锌层的表面应连续、完整，不应有酸洗、漏镀、结瘤、积锌、毛刺等缺陷。热浸镀锌层应进行表面钝化。

2. 电镀锌

电镀锌俗称冷镀锌，是采用电化学的方式，将锌锭作为阳极，锌原子失去电子后成为离子状态溶解到电解液中，而钢带作为阴极，锌离子在钢带上得到电子还原成锌原子沉积到钢带表面，在制件表面形成均匀、致密、结合良好的沉积层的过程。热镀锌板和电镀锌板在镀层组织结构上有根本性的不同。

电镀锌层的锌原子只是在钢带表面沉积析出，而且是靠物理作用附着在钢带表面，有许多孔隙，极易因腐蚀性介质引起点蚀，电镀锌层的耐蚀性不如热镀锌层，不适用于户外电网设备，一般用于室内、密封箱体内的紧固件等小部件。国内按电镀溶液分类，电镀工艺可分为四大类：

（1）氰化物镀锌。由于氰基（CN）属剧毒，所以环境保护对电镀锌中使用氰化物提出了严格限制，不断促进减少氰化物和取代氰化物电镀锌液体系的发展，要求使用低氰（微氰）电镀液。采用此工艺电镀后，产品质量好，特别是彩镀，经钝化后色彩保持好。

（2）锌酸盐镀锌。此工艺是由氰化物镀锌演变而来的。国内形成两大派系，分别为：①武汉材料保护研究所的"DPE"系列；②广州电器科学研究所的"DE"系列。两者都属于碱性添加剂的锌酸盐镀锌，pH 值为 12.5～13。采用此工艺，镀层晶格结构为柱状，耐腐蚀性好，适合彩色镀锌。

（3）氯化物镀锌。此工艺在电镀行业应用比较广泛，所占比例高达 40%，钝化后（蓝白）可以锌代铬（与镀铬相媲美）。此工艺适合于白色钝化（蓝白，银白）。

（4）硫酸盐镀锌。此工艺适合于连续镀（线材、带材、简单、粗大型零、部件），成本低廉。

电网设备所用电镀锌层技术指标符合 GB/T 9799—2011《金属及其他无机覆盖层钢铁上经过处理的锌电镀层》的要求。

3. 镀银

电网设备中，为了增强金属的导电性、耐磨性、耐腐蚀性，往往会在铜、铝等导体材料表面镀银。目前电网设备镀银工艺采用化学镀。化学镀是不外加电流，在金属表面的催化作用下经控制化学还原法进行的金属沉积过程，化学镀银过程中银的沉积发生在溶液本体中，由生成的胶体微粒银凝聚而成，在一定的 pH 值和温度下，利用还原剂将溶液中的阴离子还原为单质银，并沉积在材料表面形成镀银层。化学镀银的工艺和通常包括表面预处理和实施化学镀银两个步骤。

镀银层应进行防变色和钝化处理。镀层外观应均匀、一致，为银白色，硬镀银层和钝化镀银层应为带浅黄色调的银白色，不应有漏镀、黑点、斑点、烧焦、起泡、起皮和脱落等缺陷。镀银层应满足 SJ/T 11110—2016《银电镀层规范》中的相关要求。

4. 电镀铬

铬是一种微带蓝色的银白色金属，金属铬在空气中极易钝化，表面形成一层极薄的钝化膜。电镀铬层具有很高的硬度，根据镀液成分和工艺条件不同，其硬度可在很大范围 400HV～1200HV 内变化，具有较好的耐热性，在 500℃以下加热，其光泽性、硬度均无明显变化。镀铬层的摩擦系数小，特别是干摩擦系数，在所有的金属中是最低的。所以镀铬层具有很好的耐磨性。

镀铬层具有良好的化学稳定性，在碱、硫化物、硝酸和大多数有机酸中均不发生作用，但能溶于氢氯酸（如盐酸）和热的硫酸中。在可见光范围内，铬的反射能力约为 65%，介于银（88%）和镍（55%）之间。

电镀铬应满足 GB/T 11379—2008《金属覆盖层　工程用铬电镀层》中的相关要求。镀层应均匀、平整有光泽，不应有漏镀、麻点、孔隙、起泡、脱落、裂纹等缺陷。

5. 电镀锡

镀锡及其合金是一种可焊性良好并具有一定耐蚀能力的涂层，电镀锡层的稳定性好，耐腐蚀、抗变色能力强，且无毒、柔软性佳，有很好的可焊性和延展性，因此在电网铜、铝等导体表面广泛应用。

镀锡层应满足 GB/T 12599—2002《金属覆盖层锡电镀层技术规范和试验方法》中的相关要求。镀层应为银灰色或浅灰色，不应有漏镀、黑点、斑点、烧焦、起泡、触及基体的伤痕、起皮、脱落、含条纹状、海绵状或树枝状的镀层、深灰的镀层、未洗净的盐类痕迹等缺陷。

6. 电镀镍

电镀镍是在由镍盐（称主盐）、导电盐、pH 缓冲剂、润湿剂组成的电解液中，阳极用金属镍，阴极为镀件，通以直流电，在阴极（镀件）上沉积上一层均匀、致密的镍镀层。电镀镍层在空气中的稳定性很高，由于金属镍具有很强的钝化能力，在表面能迅速生成一层极薄的钝化膜，能抵抗大气、碱和某些酸的腐蚀。

电镀镍结晶极其细小，并且具有优良的抛光性能。经抛光的镍镀层可得到镜面般的光泽外表，同时在大气中可长期保持其光泽。

镍镀层的硬度比较高，可以提高制品表面的耐磨性。若以石墨或氟化石墨作为分散微粒，则获得的镍—石墨或镍—氟化石墨复合镀层就具有很好的自润滑性，可用作为润滑镀层。

电镀镍应满足 GB/T 9798—2005《金属覆盖层　镍电沉积层》中的要求。镀层应光滑且无明显缺陷，不应有鼓包、孔隙、麻点、裂纹、起皮、脱落、变色和漏镀等缺陷。

（二）金属覆盖层大气腐蚀环境选型

1. 热浸镀锌

暴露在大气环境中的热浸镀锌层及热浸镀锌铝合金镀层厚度和耐盐雾性能

应符合表 5-1 的要求。

表 5-1   不同大气腐蚀性等级下热镀锌层技术要求

防护镀层	大气腐蚀性等级	构件公称厚度/mm	最小平均镀层厚度/μm	最小局部镀层厚度/μm	耐中性盐雾腐蚀性能/h
热浸镀锌	C1~C3	$t>10$	86	70	≥720 不出现红锈
		$5≤t≤10$	86	70	
		$t<5$	65	55	
	C3~CX	$t>10$	120	100	≥1000 不出现红锈
		$5≤t≤10$	95	85	
		$t<5$	95	85	
热浸镀锌铝合金	C1~C3	$t≥5$	—	—	—
		$t<5$	—	—	
	C3~CX	$t≥5$	80	70	≥1000 不出现红锈
		$t<5$	70	60	

注 技术要求指标来源于 DL/T 1453—2015。

2. 电镀锌

封闭箱体内的零部件可采用电镀锌处理，且电镀后应进行钝化处理。零部件电镀锌不同大气腐蚀性等级下技术要求见表 5-2。

表 5-2   电镀锌不同大气腐蚀性等级下技术要求

防护镀层	大气腐蚀性等级	最小平均镀层厚度/μm	耐中性盐雾腐蚀性能/h
电镀锌	C1~C3	18	≥72 不出现红锈
	C3~CX	25	≥96 不出现红锈

紧固件电镀锌层厚度应符合表 5-3 要求。

表 5-3   紧固件电镀锌层厚度

腐蚀环境	最小平均厚度/μm	最小局部厚度/μm	耐中性盐雾腐蚀性能/h
C1、C2、C3	10	8	≥72 不出现红锈
C4、C5、CX	15	12	≥120 不出现红锈

3. 镀银

镀银层应进行防变色和钝化处理。依据 DL/T 1425—2015 中规定，在一般腐蚀环境中，隔离开关主导电回路的接触导电部位镀银层厚度不应小于 $20\mu m$，在重腐蚀环境中，镀银层厚度不应小于 $22\mu m$。

在 DL/T 1424—2015 中规定室内导电回路动接触部位以及母线静接触部位镀银层厚度不宜小于 $8\mu m$。

4. 电镀铬

在一般腐蚀环境中，镀层厚度应不小于 $12\mu m$（见 DL/T 1425—2015），通过 96h 乙酸盐雾试验。在重腐蚀环境中，镀层厚度应不小于 $25\mu m$，通过 144h 乙酸盐雾试验。乙酸盐雾试验后应按照 GB/T 6461—2002《金属基体上金属和其他无机覆盖层 经腐蚀试验后的试样和试件的评级》进行检查和评级，腐蚀后最低评级应为 9 级。

5. 电镀镍

在一般腐蚀环境中，镀层厚度应不小于 $6\mu m$（见 DL/T 1425—2015），通过 48h 乙酸盐雾试验。在重腐蚀环境中，镀层厚度应不小于 $12\mu m$，通过 96h 乙酸盐雾试验。乙酸盐雾试验后应按照 GB/T 6461—2002 进行检查和评级，腐蚀后最低评级应为 9 级。

6. 电镀锡

在一般腐蚀环境中，镀层厚度应不小于 $15\mu m$（GB/T 12599—2002 中的推荐值）。重腐蚀环境中，镀层厚度应不小于 $30\mu m$。

（三）金属覆盖层土壤腐蚀环境选材

热浸镀锌钢和锌包钢接地材料中锌的技术指标应符合 GB/T 470—2008《锌锭》的要求，热浸镀锌层的技术指标应符合 GB/T 13912—2020 的要求。

热浸镀层厚度应符合 Q/GDW 12015—2019 中的要求。锌包钢选用时，锌层厚度及其他技术指标应符合 DL/T 1457—2015《电力工程接地用锌包钢技术条件》的要求。

二、非金属覆盖层

电网设备进行涂料防腐涂装前应对设备表面状态及腐蚀程度进行评估。应根据设备所处地点的大气腐蚀等级选择涂层体系和涂料选用涂料时要对涂料的耐蚀性、配套性、安全性和工艺操作性等方面综合考虑。

裸钢材或表面有热镀锌、热喷锌的钢构架、机构箱体宜涂覆有机防腐涂层。为确保涂层质量，底漆、中间漆、面漆原则上应由同一家供应商提供。

输变电设备防腐涂层厚度应符合设计要求，钢构件表面防腐涂层厚度最小值不得低于 $120\mu m$，铝合金表面防腐涂层厚度最小值不得低于 $90\mu m$，涂层厚度的最大值不能超过设计厚度的 3 倍，且不宜超过 $450\mu m$。防腐涂层附着力应小于等于 1 级（划格法）或大于等于 5MPa（拉开法）。

　　电网设备常用的涂料包括环氧磷酸锌底漆、环氧富锌底漆、环氧铁红底漆、环氧云铁中间漆、聚氨酯面漆、丙烯酸聚氨酯面漆和氟碳面漆等。

（一）电网常用非金属覆盖层

1. 环氧磷酸锌底漆

　　环氧磷酸锌底漆是以环氧树脂、磷酸锌、助剂和溶剂等配制而成环氧类油漆产品，是一种双组分、高性能、化学固化环氧防锈底漆，适用于室内外钢结构和镀锌铁。环氧磷酸锌底漆通过与基材形成磷化物，起到缓蚀防锈与屏蔽效果。环氧磷酸锌底漆对底材的处理要求较低，只需将底材处理干净就行，确保无铁锈、氧化皮和油污等。环氧磷酸锌底漆适用于大气环境下普通的机械设备、储罐、工程设施、管道防腐涂装，特别是室内外钢结构与潮湿处的防锈保护。

2. 环氧富锌底漆

　　环氧富锌底漆是以环氧树脂、锌粉、硅酸乙酯为主要原料，增稠剂、填料、助剂、溶剂等组成的特种涂料产品，该漆自然干燥快，附着力强，有较佳的户外耐老化性等特点。环氧富锌漆是通过锌粉的阴极保护作用，以电化学防锈为主，兼备缓蚀效果；对底材表面的处理要求比较严格，若采用喷砂处理，须满足除锈等级标准 Sa2.5 级以上。环氧富锌底漆适用于大气环境下钢结构防腐涂装，特别是在环境相对恶劣的条件下，如海洋设施、港口设施、桥梁、管道、储罐、机械设备等防腐涂装。

3. 环氧铁红底漆

　　环氧铁红底漆是由环氧树脂、防锈颜料、固化剂等制成的双组分防腐底漆。环氧铁红底漆防腐依靠的是铁红颜料对钢铁的钝化、缓蚀作用，防锈颜料与金属表面作用，使其钝化或生成保护性物质以提高涂层保护作用。缓蚀作用能弥补屏油漆蔽作用的不足，反过来屏蔽作用又能阻止缓蚀离子的流失，使缓蚀作用稳定持久。

　　环氧铁红底漆用于一般防腐和一般腐蚀环境下，轻度或中等程度腐蚀环境钢结构表面防腐底漆。

4. 环氧云铁中间漆

环氧云铁中间漆是由环氧树脂、鳞片状云母氧化铁、防锈颜料、聚酰胺树脂固化剂、助剂、溶剂等组成的双组分环氧防锈漆。该涂料有较高颜料体积浓度的鳞片状颜料，成膜后颜料能平行定向重叠排列，因此具有较高的封闭性、耐热、防蚀性良好，并具有广泛的配套性。环氧云铁中间漆是工业重防腐油漆重要组成部分，环氧云铁中间漆通常运用于防腐寿命要求高、使用环境苛刻的产品，作为高性能防锈底漆的中间层，如环氧铁红底漆、环氧富锌底漆、无机锌底漆，以保护底漆漆膜，增强整个涂层的保护性能。

5. 聚氨酯面漆

聚氨酯面漆是以含羟基树脂和异氰酸酯预聚物组成，添加着色颜料，固化剂组成的双组分聚氨酯防腐面漆。聚氨酯面漆漆膜耐磨性比较好，坚韧丰满，耐油，耐苯类溶剂，耐水、沸水、海水、酸、碱、盐类腐蚀和化工大气腐蚀；具有良好的耐候性。

6. 丙烯酸聚氨酯面漆

丙烯酸聚氨酯涂料是由羟基丙烯酸树脂助剂和固化剂产品组成的双组分自干产品，漆膜具有很好的硬度又有极好的柔韧性，耐化学腐蚀，突出的耐候性，光亮丰满，干燥性好，表干快而不沾灰等特性，使之成为在重防腐涂装体系中的首选面漆。丙烯酸聚氨酯面漆耐久性能相当好，特别是其具有耐黄变性，在干燥环境下，可以耐受的高温达120℃。

7. 氟碳面漆

氟碳面漆是以高级氟碳树脂、特种树脂、主要成膜物质的双组分自干涂料。由于氟树脂涂料由于引入的氟元素电负性大，碳氟键能强，具有特别优越的耐候性、耐热性、耐低温性、耐化学药品性，而且具有独特的不黏性和低摩擦性。

(二) 非金属覆盖层大气腐蚀环境选型

C1~CX大气腐蚀环境下户外输变电设备防腐涂层体系推荐方案参考表5-4。输变电钢结构底漆、面漆及配套体系，变压器底漆、中间漆、面漆及配套体系的技术指标见附录B，静电喷塑涂层方案见附录C。

表 5 - 4　　　　　C1 - CX 腐蚀环境输变配电设备推荐涂层配套体系

腐蚀环境	表面状态	涂层	涂料品种	推荐道数	最低干膜厚度/μm
C1~C3	锌层基本完好	底涂层	环氧磷酸锌底漆	1~2	60
		中间涂层	—	—	—
		面涂层	丙烯酸聚氨酯面漆	1~2	60
		总干膜厚度			120
C1~C3	锌层泛锈	底涂层	环氧富锌底漆	1	40
		中间涂层	环氧云铁漆	1	50
		面涂层	丙烯酸聚氨酯面漆	1	50
		总干膜厚度			140
C1~C3	带旧漆膜	底涂层	与旧涂层相容的纯环氧底漆	1~2	60
		中间涂层	环氧云铁漆	1~2	70
		面涂层	丙烯酸聚氨酯面漆	1	50
		总干膜厚度			180
C3~CX	锌层基本完好	底涂层	环氧磷酸锌底漆	1~2	60
		中间涂层	环氧云铁漆	1	50
		面涂层	丙烯酸聚氨酯面漆	1	50
		总干膜厚度			160
C3~CX	锌层泛锈	底涂层	环氧富锌底漆	1~2	60
		中间涂层	环氧云铁漆	1~2	70
		面涂层	丙烯酸聚氨酯面漆	1	50
		总干膜厚度			180
C3~CX	带旧漆膜	底涂层	与旧涂层相容的纯环氧底漆	2	80
		中间涂层	环氧云铁漆	2	80
		面涂层	丙烯酸聚氨酯面漆	2	80
		总干膜厚度			240

（三）非金属覆盖层土壤腐蚀环境选型

防腐蚀涂料宜选用氯化橡胶、高氯化聚乙烯、乙烯基酯、聚氨酯、聚脲、环氧、环氧沥青、聚氨酯沥青、沥青和丙烯酸改性树脂等涂料，涂层性能应符合 JG/T 224—2007《建筑用钢结构防腐涂料》的技术要求。

接地装置的裸露部分、接地引下线、接地搭接焊接部位，以及处于潮湿的地沟或干湿交替的土壤空气交界处，应进行防腐蚀涂层保护。在接地引下线入土处上下 50cm 范围内应进行防腐蚀涂层涂装保护，涂刷部位应涵盖所有金属面，包含接头。

接地材料焊接后，应对焊接接头和焊痕外至少 100mm 范围涂装防腐涂料。在做防腐处理前，表面应除锈并去掉焊接处残留的焊渣。

对于混凝土防腐蚀使用的树脂类、水玻璃类、聚合物水泥砂浆类、涂料类、沥青类等的品种、质量与基层混凝土的黏结强度应符合 GB/T 50224—2018《建筑防腐蚀工程施工质量验收标准》的要求。

强腐蚀等级以上环境时，上螺母之前，地脚螺栓部位宜先采用聚硫密封胶或耐腐蚀密封膏封装包裹严实，再按相邻部位的配套体系涂装底漆、中间漆和面漆。

基建阶段宜根据地基土腐蚀性对塔脚与基础交界处镀锌或涂装涂料防腐。塔脚与基础交界处上下 30cm 范围内应进行防腐，塔脚宜浇筑混凝土保护帽；强腐蚀性及以上等级可采用 DL/T 1453—2015 中附录 B 推荐的配套涂层。

第六章 电网设备腐蚀防护选材及应用

第一节 材 料

电网使用的金属材料有钢铁、铝合金、铜合金等多个大类，具体应用要求也各不相同，而且同一种合金作为不同电网用部件，其性能要求也有着显著的差别，因此需要根据电网构件对金属材料力学、耐蚀、耐热、耐磨等各个性能的具体和综合要求，合理选用相应的金属材料种类，并在材料应用前，根据电网金属材料的有关检测标准对材料的各项指标进行检测，以保证其在电网中的正常使用。

一、电网设备用钢材

（一）碳钢

在户外任一环境中，碳钢都不应使用裸钢或电镀锌防腐工艺。在一般腐蚀环境中，宜采取热浸镀锌、热喷涂锌或者其他等效的防腐措施。在重腐蚀环境中，宜采用热浸镀铝、锌铝、锌铝镁、热喷涂铝、锌铝、锌铝镁或者其他等效的防腐措施。

（二）不锈钢

奥氏体不锈钢制件加工成形后宜进行固溶处理。

一般腐蚀环境使用的不锈钢材质耐蚀性能应不低于 06Cr19Ni10（304）的奥氏体不锈钢。

在盐雾影响区［氯离子沉降量在 $300mg/(m^2 \cdot d)$ 以上的地区］宜选用耐蚀性能不低于 06Cr17Ni12Mo2（316）的奥氏体不锈钢，奥氏体不锈钢应采用表面钝化工艺。

（三）耐候钢

在一般腐蚀环境中输电线路铁塔可使用耐候钢，在化工、冶金企业等腐蚀源 5km 范围内及盐雾地区不应使用裸露耐候钢，可采用涂装耐候钢。

二、电网设备用铝及铝合金

电网设备中铝合金系列较多，对于 1 系，属于含铝量最多的一个系列，纯度可达 99.00%，用于常规工业；2 系铝合金，硬度较高，其中主要以铜元素含量最高，在 3%～5% 左右，用于航空领域；3 系铝合金，由锰元素为主要成分，含量在 1.0%～1.5% 之间，用于对防锈要求高的行业及产品；5 系铝合金，属于较常用的合金铝板系列，主要元素为镁，主要特点为密度低，抗拉强度高，延伸率高，疲劳强度好，但不可做热处理强化；6 系铝合金，主要含有镁和硅两种元素，适用于对抗腐蚀性、氧化性要求高的应用；7 系铝合金，属于航空系列，是铝镁锌铜合金，是可热处理合金，属于超硬铝合金，有良好的耐磨性，也有良好的焊接性，但耐腐蚀性较差。

在户外环境中，宜选用 3 系、5 系、6 系铝合金，不应使用 2 系和未经防腐处理的 7 系铝合金。

三、电网设备用铜及铜合金

铜及铜合金与异种金属接触时，应增加过渡层，避免产生电偶腐蚀；在重腐蚀环境中，承力部件不宜选用黄铜材质。

四、电网设备用接地材料

电网接地材料主要包含碳钢、热浸镀锌钢和锌包钢、铜及铜覆钢、不锈钢、不锈钢复合接地材料，还有一些以非金属为主的散流材料。其技术指标以及选用做了以下规定。

（一）碳钢

临时性接地极或接地装置（一般不超过一年），允许使用未做任何防腐层的碳钢。

长期使用或固定式的接地极或接地装置，不应使用裸露或电镀后的碳钢，宜采用热浸镀锌或锌包裹、镀铜或铜包裹、导电非金属材料喷涂等防腐蚀工艺处理后的碳钢。

降阻复合接地体（常见为接地模块、导电水泥块、离子接地装置）与接地极或接地装置之间的连接部位、连接件，以及接地体骨架，若含有碳钢，也应满足上述要求。

（二）热浸镀锌钢和锌包钢

热镀锌技术指标应符合 GB/T 2694—2018 和 GB/T 13912—2020 中的相关
要求。热镀锌钢镀层外观要求，其主要表面应平滑，无滴瘤、无粗糙和锌刺、
无起皮、无漏镀、无残留的溶剂渣，在可能影响热浸镀锌工件的使用或耐腐蚀
性能的部位不应有锌瘤和锌灰。

镀层厚度应满足表 6-1 和表 6-2 中的要求。

表 6-1　　　　　　　未经离心处理的镀层厚度最小值

制件及其厚度/mm	镀层局部厚度/μm	镀层平均厚度/μm
钢厚度≥6	70	85
3≤钢厚度<6	55	70
1.5≤钢厚度<3	45	55
钢厚度<1.5	35	45
铸铁厚度≥6	70	80
铸铁厚度<6	60	70

表 6-2　　　　　　　经离心处理的镀层厚度最小值

制件及其厚度/mm		镀层局部厚度/μm	镀层平均厚度/μm
螺纹件	直径≥20	45	55
	6≤直径<20	35	45
	直径<6	20	25
其他制件	厚度≥3	45	55
	厚度<3	35	45

镀锌层附着力，一般厚度的热浸镀锌工件在正常工作条件下应没有剥落和
起皮现象。镀锌后再进行弯曲和变形加工产生的镀层剥落和起皮现象不表示镀
层的附着力不好。锌包钢应满足适用环境及其设计年限要求。锌包钢的生产工
艺应使用锌包钢连铸工艺，锌包钢拉拔工艺，锌必须连续、均匀、牢固地包裹
在钢材上，其他工艺在满足型式试验要求下也可以使用。锌包钢的连接宜采用
放热焊接，连接处需做防腐处理，宜采用接头包锌工艺。

（三）铜及铜覆钢

使用铜或铜覆钢时，应先采取措施防止铜对土壤中的其他金属材料产生电

偶腐蚀。铜或铜覆钢（含镀铜）接地极中的铜应为纯铜。铜层厚度根据土壤腐蚀性等级选用。

（四）不锈钢、不锈钢复合接地材料

不锈钢可作水平接地极用，但因其电阻率大于普通碳钢，故一般不应用作等电位接地排和接地引线。滨海区域、填海区等高氯离子含量区域不宜选用不锈钢。

（五）其他材料

接地用其他材料主要包括以非金属为主要散流材料（一般具有防腐和降阻作用）的接地材料。非金属接地材料应具有环保性，不应对埋设周围土壤、水造成污染。

交流接地极所用的接地模块、离子接地装置、降阻剂以及直流接地极所用的高硅铬铁/高硅铸铁、焦炭，其电气性能、机械性能、理化性能以及降阻效果系数应满足相关标准要求。

第二节　构件选择及防腐原则

一、金属结构件的选择及防腐原则

（一）金属结构件的选择

（1）腐蚀等级为 C4、C5 时，宜增加钢结构受力部件的厚度。

（2）重要金属结构件和闭口截面杆件的焊缝，应采用连续焊缝。

（3）各类防护罩和设备外壳不宜采用平板式外形，应设计成不易积水的形状。对于构型特殊且易积水的部位，应设计排水槽或排水口，且不易积淤或易于清淤。

（4）端子箱、机构箱若采用不锈钢材质，其厚度应不小于 2mm。

（5）端子箱、机构箱、控制箱等箱体应进行密封处理，开门处加装胶条，并在箱体内加装防凝霜装置。

（二）金属材质选择及防护要求

1. 碳钢

（1）腐蚀等级为 C5 及以上时，宜增加变电站钢构支架设计厚度 10%。

（2）除严寒大风地区的 750kV 及以上变电站外，避雷针在重腐蚀环境中不宜采用格构式结构，宜采用法兰连接式结构。

（3）腐蚀等级 C5 及以上时，或城区 C4 及以上环境，输电线路杆塔宜选用钢管塔（杆）结构。变电钢管构支架及输电线路钢管塔（杆）宜采用热喷涂 Zn‐Al15 等锌铝合金的防腐工艺，涂层厚度应不低于 150μm，且热喷涂表面应进封闭。

（4）环形混凝土电杆顶头铁、钢板圈及焊缝不应采用环氧玻璃纤维包覆防腐工艺，避免因老化或施工工艺不良导致内部积水严重而加重其腐蚀。

（5）龙门构架绝缘子挂点金具应为抱箍不应为预埋挂环。

（6）断路器及隔离开关等设备传动部件接触表面若采用镀铬防腐工艺，镀层厚度应不小于 25μm；若采用镀镍防腐工艺，镀层厚度应不小于 12μm。

（7）腐蚀等级为 C4 及以上时，输电线路架空地线宜采用铝包钢绞线或锌铝合金镀层钢绞线；导线宜采用铝合金绞线、铝包钢芯铝绞线或锌铝合金镀层钢芯铝绞线。

2. 不锈钢

（1）户外密闭箱体（控制、操作及检修电源箱等）若采用不锈钢，其公称厚度不应小于 2mm，如采用双层设计，其单层厚度不得小于 1mm。

（2）隔离开关传动部件的轴销及开口销的材质应选用防腐性能不低于 06Cr19Ni10（304）的奥氏体不锈钢或铝青铜等防锈材料。

（3）金具闭口销的材质应选用防腐性能不低于 06Cr19Ni10（304）的奥氏体不锈钢。

（4）腐蚀等级为 C5 及以上时，避雷针本体材质应选用不锈钢。

（5）碳纤维复合芯导线配套金具，耐张线夹的钢锚、楔形夹及楔形座以及接续管的连接器、楔形夹及楔形座宜选用防腐性能不低于 06Cr19Ni10（304）的奥氏体不锈钢棒制造。

（6）主变压器有载调压开关传动抱箍不应选用铸造奥氏体不锈钢材质。

（7）隔离开关和接地开关的不锈钢部件禁止采用铸造件。

3. 铝及铝合金

断路器和隔离开关的传动拐臂及连杆，断路器和互感器等设备的接线板及三通阀门材质不应使用 2 系和未经防腐处理的 7 系铝合金；气体绝缘互感器充气接头不应采用 2 系和 7 系铝合金。

4. 铜及铜合金

（1）以铜合金制造的金具，其铜含量应不低于 80%。

（2）主变压器的套管出线抱箍线夹应采用含铜量不低于 90% 的铜合金制造。GIS 等设备的套管出线抱箍线夹选用铜合金时，应采用含铜量不低于 90% 的铜合金制造。

（3）隔离开关等设备接地软连接不宜采用细铜丝编织带结构，宜采用软铜带或铜单丝截面积不低于 $4mm^2$ 的铜绞线结构，且表面应镀锡。

二、接地构件的选择及防腐原则

接地体的腐蚀原因主要有以下几个方面：①土壤腐蚀性强，特别是在偏酸性的土壤、风化石土壤和砂质土壤中，最易发生析氢腐蚀和吸氧腐蚀；②接地体采用普通碳钢，这样的钢材由于杂质超标，在地下易发生电偶腐蚀；③使用了腐蚀性较强的降阻剂，特别是一些化学降阻剂，由于含有大量的无机盐类，加速了接地体的电化学腐蚀。一些固体降阻剂也由于膨胀系数与钢接地体不一致，经过一定的时间后与接地体产生缝隙，产生了腐蚀电位差，加速了接地体的腐蚀。

接地装置需要瞬间将故障电流或雷击电流引入大地，接地材料的性能必须满足热稳定性、耐腐蚀性和导电性三个要求。根据功能的不同，接地材料可分为接地主材、接地辅材和接地装置连接件。

（一）接地主材

接地主材是将系统入地电流或雷电流导入大地的接地网、接地极和接地引下线，并具有较大机械强度的材料。一般包括热浸镀锌钢、纯铜、铜覆钢、锌包钢、不锈钢和不锈钢复合接地材料等。

依据土壤腐蚀等级不同，接地主材按表 6-3 选择。

表 6-3　　　　　　不同土壤腐蚀等级下接地主材选用标准

土壤腐蚀等级	微	弱	中	强	特强
接地主材选用	热浸镀锌钢	热浸镀锌钢、铜覆钢	热浸镀锌钢、镀锌钢、铜覆钢、铜	热浸镀锌钢、铜覆钢、铜、不锈钢和不锈钢复合材料	铜

续表

土壤腐蚀等级	微	弱	中	强	特强
锌包钢锌层厚度/mm	—	—	≥1	—	—
铜覆钢铜层厚度/mm	—	≥0.25	≥0.6	≥0.8	—
不锈钢复合材料 不锈钢厚度/mm	—	—	—	≥0.7	—

注　1　土壤腐蚀性等级为弱、中、强时，必要时可根据当地土壤腐蚀数据进行铜层腐蚀裕量设计。

2　在含盐量大于等于1.5%的滨海区、填海区、化工区、盐碱地等特强腐蚀地区，变电站接地工程宜选用纯铜作为接地材料。

3　当接地介质环境pH值不大于4.5时，选用铜或铜覆钢作为接地材料时，应根据土壤腐蚀数据加大设计截面或加大铜层厚度，铜覆钢铜层厚度应大于等于1.0mm。

4　气体绝缘金属封闭开关设备置于户外时，设备区域专用接地网材料宜选用纯铜。

5　室内变电站和地下变电站接地主材应采用纯铜。

与混凝土钢筋连接的接地材料选用铜和铜覆钢时，应采取降低电位差的措施，如连接处采用防腐涂层处理或包覆非金属材料等措施。

直流接地极用高硅铬铁和高硅铸铁应符合DL/T 1675—2016的规定，且其在当地的腐蚀速率不应大于1.0kg/(A·a)。

接地装置的裸露部分、接地引下线、接地搭接焊接部位，以及处于潮湿的地沟或干湿交替的土壤空气交界处，应进行防腐蚀涂层保护。在接地引下线入土处上下50cm范围内应进行防腐蚀涂层涂装保护，涂刷部位应涵盖所有金属面，包含接头。对于后期补强的接地引下线，应当选用与既有材质相同的金属材料。

（二）接地辅材

接地辅材配合接地主材使用，主要用于降低接地电阻或减缓接地装置腐蚀。一般包括降阻剂、接地模块、缓释型离子接地装置等。

当采用降阻剂、接地模块、缓释型离子接地装置等降阻措施时，其材料不应对土壤和地下水造成污染，且不应对接地装置造成附加腐蚀。接地辅材的设计使用寿命应与接地主材一致。

（三）接地装置连接件

接地装置连接件是接地装置不同导体支路间的连接接头或过渡件。一般包括电弧焊接头、放热焊接接头（放热铜焊和放热铁焊）、金属夹具等。

接地极之间的连接宜采用焊接，接地引下线与接地极的连接宜采用焊接或螺栓连接方式。异种金属接地极之间连接时接头处应采取防止电化学腐蚀的措施。接地引下线与设备之间应用螺栓连接，螺栓材质应为热镀锌或耐蚀性更强的材质。

一端或多端为铜或铜覆钢接地极的连接应采用放热铜焊，热浸镀锌钢或锌包钢接地极的连接宜采用电弧焊或放热铁焊。

三、紧固件的选择及防腐原则

紧固件表面镀层宜与被连接部位的镀层相同。腐蚀等级为 C1～C3 时，紧固件表面宜进行电镀锌等表面处理工艺，电镀层的厚度不应小于 $5\mu m$，并应做铬酸盐钝化处理。腐蚀等级为 C4、C5 时，宜使用热浸镀锌紧固件，也可以使用电镀镍、电镀铬紧固件。对于腐蚀等级为 C1～C3 的户外箱体内紧固件的电镀锌层最小厚度不应小于 $5\mu m$，腐蚀等级为 C4、C5 时，电镀锌层最小厚度不应小于 $8\mu m$。规格小于或等于 M12 的紧固件，宜采用不锈钢螺栓或其他耐蚀材料。所有紧固件耐中性盐雾时间不应小于 72h。

紧固件热镀锌层厚度应符合表 6-4 要求，参照 DL/T 1425—2015 中 4.4.1 执行。

表 6-4　　　　　　　　　　　　紧固件热镀锌层厚度

尺寸规格	腐蚀环境	最小平均厚度/μm	最小局部厚度/μm
直径≥20mm	C1～C3	55	45
	C3～CX	60	50
6≤直径＜20mm	C1～C3	45	35
	C3～CX	50	40
直径＜6mm	C1～C3	25	20
	C3～CX	45	35

C5 及以上腐蚀环境户外紧固件，宜采用热浸镀锌铝合金或热浸镀铝防腐。紧固件热镀锌铝合金或热浸镀铝镀层厚度应符合表 6-5 要求。

表 6-5　　　　　　　　　　　　紧固件热浸镀合金镀层厚度

镀层种类	最小平均厚度/μm	最小局部厚度/μm
热浸镀锌铝合金	45	30
热浸镀铝	40	30

行程开关、操作开关、继电器、二次接线端子螺栓等宜采用铜镀镍螺栓，且镀镍厚度不低于 6μm。

第三节 特殊腐蚀情况防腐原则

一、特殊腐蚀类型

（一）电偶腐蚀防护

（1）应尽量避免异种金属材料直接相连，尤其是小阳极大阴极的结构，如避免不锈钢板或铜板上装镀锌钢螺栓。

（2）非导流回路中的异种金属材料，其连接处或接触 面宜采取绝缘措施，如对于螺栓连接，可使用塑料垫圈。在易产生不同电位的金属材料部位，采用等电位线连接。

（3）不锈钢管路安装时应使用不锈钢垫片或不含氯离子的塑料、橡胶垫片，不得与碳钢管夹直接接触。

（4）铜与铝的搭接面，在干燥的室内，铜导体应镀锡；室外或空气相对湿度接近 80％的室内，应采用铜铝过渡板，铜导体应镀锡。

（5）与铜导线或接地铜排连接的紧固螺栓宜采用配双螺母的铜质螺栓或不锈钢螺栓。

（6）铜铝过渡线夹宜采用铜铝过渡板或覆铜过渡片，不应采用铜铝对接焊接形式。

（二）缝隙腐蚀防护

（1）设备部件连接时宜采用封闭设计、堵塞缝隙等方式防止缝隙腐蚀。

（2）管母线、混凝土电杆钢板圈焊接时应采用对焊、连续焊，以免产生缝隙腐蚀。

（3）钢构件施焊完毕应对缝隙或涂镀层破损等缺陷部位用防腐涂料封闭，防腐部位应至少覆盖焊缝周围 30cm 范围。

（4）连接部件的法兰盘垫圈不宜采用吸湿性的石棉等材料，应选用聚四氟乙烯等非吸湿性的材料，法兰垫片不应伸出结合面。

（三）应力腐蚀防护

（1）对于黄铜、304 不锈钢及 7 系铝合金等应力腐蚀敏感性材料，作为承力结构件或有内应力存在时要尽量避免和减少局部应力集中，并应通过应力腐蚀试验测试。

（2）主变压器、GIS 等设备的套管出线抱箍线夹应采用含铜量不应低于90％的铜合金制造。

（3）GIS 金属波纹管宜选用 06Cr17Ni12Mo2（316）奥氏体不锈钢材质，若选用 06Cr19Ni10（304）奥氏体不锈钢材质，成型后应进行固溶热处理。

二、特殊部件

（一）混凝土基础

（1）混凝土结构的耐久性能应满足设计使用年限。

（2）混凝土基础在采用刷涂防腐蚀涂料进行保护时，涂层应起到封闭屏蔽作用。

（3）在强腐蚀性及以上等级，基础表面防腐可采用聚酯类或玻璃钢等复合材料，在中腐蚀性及以下等级可采用聚合物水泥砂浆等材料。

（4）长期与水体直接接触并会发生反复冻融的混凝土结构构件，应考虑冻融环境的作用。

（5）在含盐量大于等于 1.5％的滨海区、填海区等特强腐蚀地区，钢筋混凝土结构的混凝土氯离子含量不应超过胶凝材料的 0.08％，预应力混凝土结构的混凝土氯离子含量不应超过胶凝材料的 0.06％。

（二）地脚螺栓

（1）地脚螺栓可采用螺纹处局部热浸镀锌或全部热浸镀锌的方式，镀层最小厚度不应小于 $40\mu m$，镀层平均厚度不应小于 $50\mu m$。

（2）螺柱、螺帽基体表面防腐层宜采用同种材质材料，避免异种金属电偶腐蚀。

（3）刷涂的涂料应避免影响导电接触面。

（4）强腐蚀等级以上环境时，上螺母之前，螺栓部位宜先采用聚硫密封胶或耐腐蚀密封膏封装包裹严实，再按相邻部位的配套体系涂装底漆、中间漆和面漆。

（三）塔脚

（1）基建阶段宜根据地基土腐蚀性对塔脚与基础交界处镀锌或涂装涂料

防腐。

（2）塔脚与基础交界处上下 30cm 范围内应进行防腐，塔脚宜浇筑混凝土保护帽；强腐蚀性及以上等级可采用 DL/T 1453—2015 中附录 B 推荐的配套涂层，底漆也可用沥青或环氧煤沥青漆。

（3）混凝土保护帽宜设计为斜面，塔脚与基础的交界面应涂抹光滑平整，使雨水、污秽、盐分等不易聚集。

三、其他特殊情况

（一）配电设备除湿防凝露

（1）户外设备除湿防凝露应利用设备局部密封处理、配合无源除湿措施，设备整体进行通风散热设计，将凝露源头隔绝在设备以外。应充分利用自流平树脂封堵、无源吸湿放湿片、顶板防凝露设计及处理等新技术新材料，防止配电网户外设备凝露。

（2）户外环网箱中环网柜的机构箱、仪表箱整体以及按钮、指示灯、继电器等二次元件应进行密封处理，顶板进行防凝露设计，并配合采用无源型除湿措施。电缆室的防潮可采用环网箱底部增加带通风孔的夹层，将电缆沟道内的湿气通过夹层排出，环网柜底板与夹层之间进行封堵，避免沟道内湿气进入设备内部，同时应考虑内设引弧通道。

（3）箱式变电站中环网柜应参照以上要求进行防凝露设计。此外，箱式变电站整体设计应考虑变压器室通风散热，基础通风孔的设置应满足内部电弧释放要求；高压室、低压室应进行密封设计，底部电缆采用封堵措施。

（二）降阻材料

应选用无腐蚀性的物理性降阻材料（石墨、膨润土等不含氯离子、硫酸根离子一类降阻剂），不应选用化学性降阻材料；降阻剂应紧密、均匀地包裹接地体；无机固体降阻材料敷设到接地体周围凝固后应与接地体接触良好，不产生裂缝；在高土壤电阻率、永冻土和季节冻土或季节干旱地区，采用降低接地电阻的措施。

（三）杂散电流

交流杂散电流干扰强度等级见表 6 - 6。

表 6-6 　　　　　　　　　　　交流杂散电流干扰强度等级划分

干扰程度	弱	中	强
电流密度/（A/m^2）	<30	30～100	>100

当直流杂散电流引起的接地材料对地电位相对于自然电位的正向或负向偏移大于 20mV 时，应确认存在直流干扰，当正向偏移大于或等于 100mV 时，应采取干扰防护措施。

第四节　案　例　分　析

一、某 750kV 输电线路导线间隔棒腐蚀失效

（一）概述

某 750kV 输电线路 Ⅱ 标段的导线间隔棒（FJZ-640/400）为辽宁某科技股份有限公司生产，2010 年 4 月供货。2010 年 12 月，工作人员发现该处导线间隔棒表面产生大量白色腐蚀斑点。

（二）宏观检查分析

该导线间隔棒表面分布大量白色斑点，腐蚀前后间隔棒形貌如图 6-1 所示。该导线间隔棒由铸造铝合金锭经压铸成型后进行喷砂处理，未经使用的间隔棒表面呈现金属光泽，见图 6-1（a）；经使用过后，金属表面产生大量白色斑点，分布均匀，见图 6-1（b）。

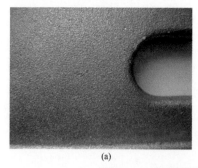 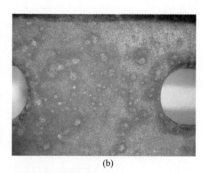

(a)　　　　　　　　　　　　　　　　(b)

图 6-1　导线间隔棒腐蚀前后形貌对比

（a）库存导线间隔棒表面形貌；（b）使用后间隔棒表面形貌

从图 6-1 的宏观特征可见，库存的导线间隔棒表面呈灰色金属光泽，未

见腐蚀迹象；使用过后，整个间隔棒金属表面存在均匀的白色圆形斑点，大小不一。斑点外表面为一层白色粉末状物质，去除该白色粉末状物质后，原腐蚀斑点处留有一处颜色较深的腐蚀痕迹，在光学放大镜下未见明显的腐蚀坑深度。

（三）试验结果分析

1. 化学成分分析

该导线间隔棒设计材质为 ZL102，对其进行化学成分分析，结果见表6-7。

表 6-7 化学成分分析结果

序号	项目	Si	Cu	Mn	Mg	Fe	Ti	Zn
1	实测值	11.82%	<0.01%	≤0.01%	≤0.01%	0.23%	0.016%	<0.01%
2	ZL102	10.0%~13.0%	≤0.3%	≤0.5%	≤0.1%	≤0.6%	≤0.2%	≤0.1%

依据 GB/T 8733—2007 标准检测了样品化学成分，结果表明该导线间隔棒符合设计材质 ZL102 的要求。

2. 导线间隔棒表面腐蚀形貌分析

针对腐蚀部位截取试样，以获得间隔棒的母材、腐蚀截面及表面腐蚀产物的试样；利用 SEM 对该试样进行微观组织形貌观测，以显示腐蚀形貌特征，其形貌如图 6-2 所示。

采用扫描电子显微镜观察了铝合金表面形貌［见图 6-2（a）、图 6-2（b）］，从图中可见，经过喷砂处理的铸件表面存在较小的凹坑，试样表面的白色斑点附着物以团絮状、块状分布，并存在大量龟裂，且具有剥落倾向，说明由该表面附着层对基体的保护性很差。

去除该附着层后的基体形貌［见图 6-2（c）］，从图中可见，基体表面未发现较为明显的腐蚀坑；对比观察宏观无白色附着物区的形貌［见附图 6-2（d）］，在微观下，试样表面同样存在较小的絮状附着物。

从试样白色斑点处截取试样，截面的形貌如图 6-2（e）所示，附着物下方未发现明显的腐蚀坑点，从图 6-2（f）可见，在喷砂留下的凹坑下，沉积了大量颗粒状产物，同时具有剥落倾向。

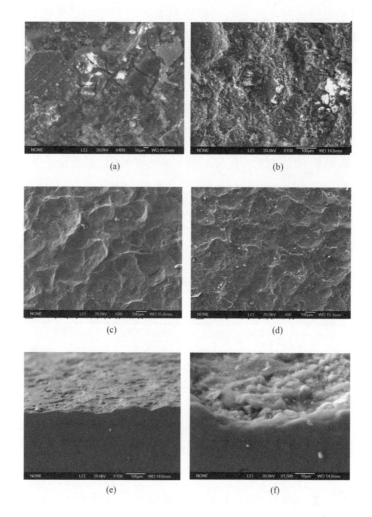

图 6-2　间隔棒的母材、腐蚀截面及表面腐蚀产物微观形貌

（a）白色斑点表面形貌×400；（b）白色斑点表面形貌×400；（c）表面腐蚀物形貌×80；

（d）表面未腐蚀形貌×80；（e）截面腐蚀物形貌×150；（f）高倍截面腐蚀形貌×1500

3. 导线间隔棒表面腐蚀产物元素分析

采用能量分散谱仪（energy dispersive spectrometer，EDS）测出腐蚀微区成分，分析表面腐蚀产物的种类，分析结果见图 6-3 和表 6-8。

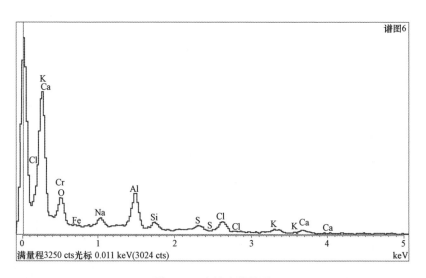

图 6-3　腐蚀产物能谱

表 6-8　　　　　　　　　　腐蚀产物能谱结果

元素	质量百分比/%	原子百分比/%
O K	53.95	68.11
Na K	7.37	6.48
Al K	17.77	13.30
Si K	4.61	3.32
S K	3.09	1.95
Cl K	6.84	3.90
K K	2.24	1.16
Ca K	2.08	1.05
Fe K	1.91	0.69
总量	100.00	

利用能谱仪分析了该白色斑状附着物的元素成分。主要为 K、Ca、Na、Al、O、Si、Cl、S 等元素；其中 Al、O 大多来自合金表面钝化膜 Al_2O_3 或 Al（HO）$_3$；根据资料证实，该地区地表浮土中含有 NaCl、KCl、$CaCl_2$、Na_2SO_4、$MgSO_4$ 等大量可溶性盐，这说明白色斑状附着物中的 K、Ca、Na、Mg、Fe、Si 等元素来自该地区表面浮土。

（四）失效原因分析

$Al_2O_3 \cdot 3H_2O$ 在较大的 pH 值范围内都会保持稳定，在 pH 值小于 4 或大于 9 时开始溶解，使得铝合金有较强的局部腐蚀倾向。降雨、雾、表面蒸发浓缩的液层和铝合金表面的小孔内的电解质都会使铝处于腐蚀状态，主要的腐蚀形式是局部腐蚀如点蚀，晶间腐蚀和剥层腐蚀。

在大气环境中，SO_4^{2-} 离子的存在是造成铝合金腐蚀的一个主要因素，SO_4^{2-} 与 Al^{3+} 发生反应生成稳定难溶解的硫酸盐化合物，这种腐蚀产物对基体有一定的保护作用，然而过量的 SO_4^{2-} 对铝合金的腐蚀也是不容忽视的，从铝合金腐蚀形貌图 6 - 2 中可以看出，腐蚀产物上存在大量龟裂纹，说明该腐蚀产物层并未对基体产生较好的保护。

铝合金发生点蚀的一个主要原因是 Cl^-，通过盐沉积作用，Cl^- 首先以活性位吸附的方式进入铝合金表面，并与氧化膜发生化学反应，进而造成氧化膜的减薄及裸露铝合金的直接溶解。其氯化步骤形成如下：

$$Al(OH)_3 + Cl^- \longrightarrow Al(OH)_2Cl + OH^- \qquad (6 - 1)$$

$$Al(OH)_2Cl + Cl^- \longrightarrow Al(OH)Cl_2 + OH^- \qquad (6 - 2)$$

$$Al(OH)Cl_2 + Cl^- \longrightarrow AlCl_3 + OH^- \qquad (6 - 3)$$

根据以往研究数据显示，在含有 Cl^- 的溶液中，SO_4^{2-} 的加入会增强铝合金的腐蚀，二者共同作用的情况腐蚀更加严重。

该线路 Ⅱ 标段位于塔克拉玛干沙漠北沿荒漠地带，降雨稀少，蒸发量大，年平均相对湿度只有 47%，每年浮沉 30 次以上，扬沙 35 次以上，沙尘暴 8 次以上，属于典型的沙漠盐渍土大气环境。由于扬尘及沙尘暴作用使得金属表面沉积大量沙漠盐渍土，部分盐在较低的相对湿度下即可发生潮解，潮解作用会有效增加铝合金表面大于临界相对湿度的时间，为铝合金发生大气腐蚀创造了必要条件。另外，盐渍土中大量可溶性氯化物和硫酸盐的存在使得大量 Cl^- 与 SO_4^{2-} 的引入，进而与铝合金中的基体发生反应，本次试验研究结果发现，腐蚀产物上存在大量龟裂纹，未能产生较好的保护层，使铝合金在相对干燥的沙漠大气环境下发生较严重的大气腐蚀。

由于该导线间隔棒使用时间较短，在腐蚀层下未发现明显的腐蚀坑，腐蚀仍处于前期的孕育阶段，对基体的损伤程度较小，但当长时间运行后，基体表面将沉积大量盐渍土，对基体的腐蚀也将加剧，也会给该线路的安全运行带来一定的不安全因素。目前对于该种铝合金腐蚀速率的研究尚未明确，尚不能确定其安全运行时间。

（五）结论及建议

(1) 该线路沿线沙漠盐渍土大气环境是造成该导线间隔棒腐蚀的主要原因。

(2) 目前腐蚀仍处于前期阶段，对导线间隔棒性能未造成较大影响。

(3) 考虑到随着运行时间的延长，腐蚀可能进一步加剧，有关部门应当加强该区域电网运行监督，准备好备品，发现有腐蚀严重，影响正常使用的部件及时更换，防止意外事故发生。

二、某220kV输电线路095号C相大号侧耐张线夹钢锚椭圆挂环断裂失效

（一）概述

2016年10月3日5时25分，某220kV线路纵联差动、接地距离Ⅰ段保护动作跳闸，重合不成功，巡查发现095号C相大号侧耐张线夹钢锚椭圆挂环断开，导线与绝缘子串连接处脱开，耐张线夹型号为NY-ACCC350/35。该线路投运时间是2010年10月29日，断裂金具为浙江某电力科技有限公司生产。

（二）宏观检查分析

1. 构件情况

经巡查发现，发生断裂的部位是095号C相大号侧耐张线夹，导致导线与绝缘子串连接处脱开（见图6-4），具体断裂部位是钢锚椭圆挂环（见图6-5）。

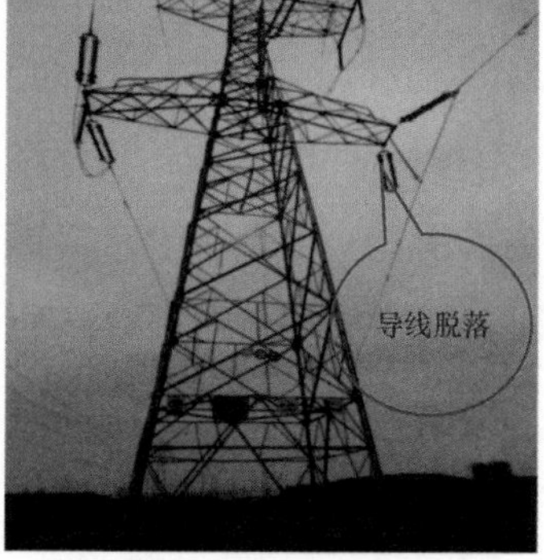

图6-4 导线脱落位置

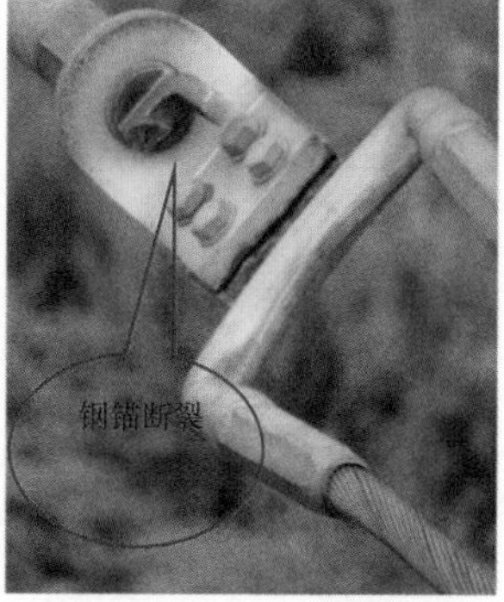

图6-5 耐张线夹断裂部位

2. 断口宏观检查

该钢锚断口为两处，一处为拉环根部，另一处为拉环上部，两断口颜色不同，根部断口呈现较深的锈色，而另一断口则色泽较新，可判断根部首先断裂。断口均无塑性变形，呈明显的脆性断裂形貌，断口也无明显的缺陷，如图6-6（a）所示。将该钢锚从线夹取出，不仅外露部位较深的锈色，而且在铝管内的钢锚部位也有锈色，如图6-6（b）所示。对锈色进一步检查发现，拉环一边有较明显的溃疡腐蚀状，及由腐蚀引起的裂纹如图6-6（c）所示。对插入铝管内的锈色进行检查，发现有大小不一的腐蚀坑，如图6-6（d）所示。

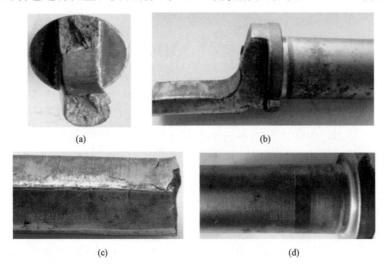

(a)　　　　　　　　　　　　(b)

(c)　　　　　　　　　　　　(d)

图6-6　断裂形貌

（a）断口；（b）铝管内钢锚部位；（c）A部位由腐蚀引起的裂纹；（d）B部位腐蚀坑

可见，该耐张线夹钢锚挂环处发生的断裂与腐蚀有关。

（三）试验结果分析

1. 化学成分分析

因该金具厂已倒闭，无法了解耐张线夹钢锚所用的材质，经化学成分分析，结果见表6-9。

表6-9　　　　　　　　　　　化学成分分析结果

序号	项目	C	Si	Mn	Cr	Ni
1	实测值/%	0.12	0.29	14.7	11.3	0.12
2	0Cr18Ni9/%	0.08	1.0	2.0	18～20	8～11

依据 GB/T 1220—2007，从表 6-9 可看出，该金具钢锚所用材质元素含量没有符合标准对应的牌号。

2. 金相分析

对该钢锚进行微观金相组织分析，截取插入铝管部位的横断面作为金相试样，其显微组织如图 6-7 所示，挂环腐蚀处的裂纹扩展微观形貌如图 6-8 所示。

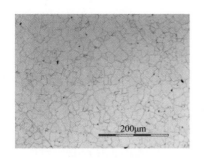

图 6-7　钢锚金相组织　　　　　图 6-8　由腐蚀处发展成裂纹

从微观金相组织不难看出，该钢锚微观金相组织为奥氏体组织形貌，具有腐蚀引起的裂纹。

（四）失效原因分析

（1）经对该耐张线夹钢锚成分以及金相组织分析，以及依据 Q/GDW 1780—2013《架空输电线路碳纤维复合芯导线配套金具技术规范》中 4.2.2 条规定："耐张线夹的钢锚等应选用 0Cr18Ni9 不锈钢棒制造"，可见当时该碳纤维复合芯导线配套的耐张线夹所用的钢锚材质不符合现行国家电网有限公司企业标准。

（2）Q/GDW 1780 标准中规定使用 0Cr18Ni9 钢，是强度、耐腐蚀性以及无磁性方面的综合考虑，而该耐张线夹使用了 Mn 元素代替 Ni 元素（成本降低），尽管依旧是奥氏体钢，但耐腐蚀性大大降低。

（五）结论及建议

（1）该 220kV 线路耐张线夹钢锚断裂是因为钢锚所用钢材耐蚀性较差，在一定环境下，钢锚腐蚀开裂最终发生断裂。

（2）建议对该线路其他耐张线夹的钢锚部位进行排查，是否有类似的腐蚀现象。对用于其他线路的该厂家供货的该型耐张线夹也应进行排查。

三、某 220kV 输电线路钢芯铝绞线腐蚀失效

（一）概述

2014 年某 220kV 输电线路钢芯铝绞线表面产生明显的腐蚀坑，并且在腐蚀区域存在白色颗粒状结晶物。该线路投运于 2012 年 12 月，线路穿越沙漠地带。

（二）宏观检查分析

该钢芯铝绞线中间 7 根钢芯，钢芯之外为 3 层铝导线，共 54 根，其中内层 12 股，外层 24 股，中间层 18 股。由图 6-9 可见，送检样品外层发生腐蚀的区域存在白色颗粒状结晶物，铝绞线上发生了明显的腐蚀，腐蚀区域呈深灰色；其中有 2 股铝导线腐蚀断裂，1 股腐蚀严重接近断裂，1 股表面存在明显的深灰色的腐蚀坑，见图 6-9 中箭头指向位置。在表面无白色结晶物附着区域，未见明显腐蚀迹象。

图 6-9　钢芯铝绞线腐蚀形貌

将外层铝导线拨开，发现在外层铝导线与中间层之间也存在大量白色颗粒状结晶物，中间层铝导线也存在轻微腐蚀迹象，如图 6-10 所示。收取该处的结晶物做化学成分分析。

图 6-10　外层铝导线与中间层之间白色结晶物质形貌

截取外层腐蚀较严重的一段铝丝作为检测样品，同时从铝线中间层与外层间刮取少量白色颗粒状结晶物质作为检测样品，如图 6‑11 所示。

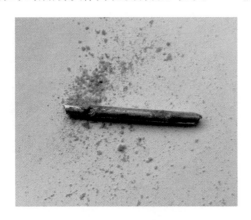

图 6‑11　铝导线与白色结晶物质样品

（三）试验结果分析

1. 腐蚀铝导线形貌

选取存在明显腐蚀迹象的铝导线作为检测样品，观察腐蚀形貌。从图 6‑12 中可见，该铝导线腐蚀较为严重，腐蚀坑几乎穿透整股导线且聚集大量腐蚀产物。在该腐蚀坑边缘，还发现有较多小腐蚀坑的存在。

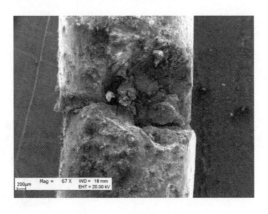

图 6‑12　显微腐蚀形貌

2. 腐蚀产物分析

在发生腐蚀的区域选取 2 点做腐蚀产物的能谱分析，第 1 点能谱分析结果见

图 6-13 和表 6-10，从分析结果中可以看出，腐蚀产物中含有大量的 Cl 元素。另外，含有 O 元素是由于裸露的铝导线直接与空气接触后与氧发生反应的结果。

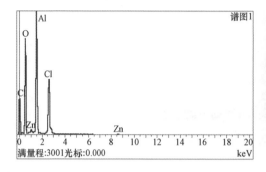 

图 6-13　选取的第 1 点腐蚀产物能谱

表 6-10　　　　　　　　　选取的第 1 点腐蚀产物成分

元素	质量百分比/%	原子百分比/%
O K	62.44	75.685
Al K	23.24	16.70
Cl K	13.49	7.38
Zn K	0.83	0.25
总量	100.00	

第 2 次能谱分析结果见图 6-14 和表 6-11，图 6-14 为能谱选区示意图。从分析结果可以看到，该腐蚀产物中仍含有大量的 Cl 元素。腐蚀产物中仅含有 Al、Cl、O 三种元素，可判断腐蚀产物是 $AlCl_3$，O 元素是 Al 与空气中的氧反应生成的 Al_2O_3 所致。

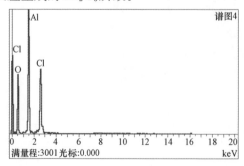 

图 6-14　选取的第 2 点腐蚀产物能谱

表 6-11　　　　　　　　　　　　选取的第 2 点腐蚀产物成分

元素	质量百分比/%	原子百分比/%
O K	54.59	69.26
Al K	26.40	19.86
Cl K	19.01	10.88
总量	100.00	

3. 小腐蚀坑腐蚀产物分析

再次选取该腐蚀坑附近区域，较小的腐蚀坑内腐蚀产物做能谱分析，分析结果见图 6-15 和表 6-12，腐蚀产物中 Cl 元素含量较高。与前两次检测结果相似，可以判定为同一类型腐蚀。

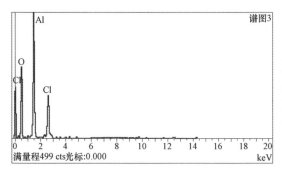

图 6-15　小腐蚀坑腐蚀产物能谱

表 6-12　　　　　　　　　　　　小腐蚀坑腐蚀产物成分

元素	质量百分比/%	原子百分比/%
O K	60.00	73.20
Al K	27.59	19.96
Cl K	12.42	6.84
总量	100.00	

4. 未发生腐蚀区域能谱分析

选取未发生腐蚀的区域做能谱分析，检验结果见图 6-16 和表 6-13。从检验结果可以看出，该铝导线不含 Cl 元素。

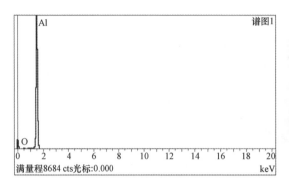

图 6-16　未发生腐蚀区域能谱

表 6-13　　　　　　　　　　未发生腐蚀区域成分

元素	质量百分比/%	原子百分比/%
O K	5.32	8.75
Al K	93.06	90.85
Ag L	1.62	0.40
总量	100.00	

5. 白色颗粒状结晶物分析

对白色颗粒状结晶物做能谱分析，结果见图 6-17 和表 6-14。图 6-17 为该白色颗粒状结晶物形貌，呈不规则的多边形颗粒。从能谱分析结果可以看出，该白色颗粒状结晶物质含有大量 Cl 元素。从元素种类可推断该白色颗粒状结晶物是 $AlCl_3$、Al_2O_3 与微量 NaCl 的混合物。

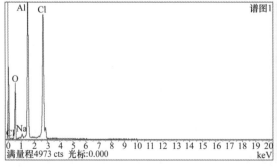

图 6-17　白色颗粒状结晶物能谱

表 6-14   白色颗粒状结晶物产物成分

谱图	O	Na	Al	Cl	总和
平均/wt%	48.92	1.07	22.43	27.58	100.00

（四）失效原因分析

（1）从检验结果可以看出，铝导线表面存在较明显的腐蚀，腐蚀产物单一，主要是 $AlCl_3$，系含有 Cl 元素的强酸性腐蚀物引起的腐蚀。

（2）腐蚀发生在整盘线的内部，从内层起计数，第 4～5 层，在施工现场放线时发现，可以排除在施工现场遭到污染的可能性；整盘线在储存与运输过程中外面有一层塑料护套保护，若存在与腐蚀性物质接触，仅会在整盘线的外圈发生腐蚀。可排除酸雨渗漏引起的腐蚀，即便发生渗漏，酸雨的腐蚀不会呈片状分布，且两种腐蚀现象明显不同，腐蚀产物也不同。腐蚀应是发生在生产过程，且发生时间在铝导线绞至钢芯外部之后。

（3）生产厂所用钢芯为外购，铝丝由制造厂购买铝锭，进行冷拔丝，拔丝过程中会用到拔丝油，拔丝油不会对铝丝造成上述腐蚀情况；生产过程中还会用到冷却水，水中不会有如此大量的 Cl^-，若在水中含有大量的 Cl^-，则整根钢芯铝绞线都会发生腐蚀。

（4）从以上分析可以看出，在整个生产过程中，钢芯铝绞线并不会与强酸强腐蚀性物质接触，只可能在钢芯铝绞线生产完成后，未卷盘或卷盘至 4～5 层时，外界带来的含 Cl 元素的强腐蚀性物质。

（5）以上结果说明，在钢芯铝绞线生产的过程中，生产线周围存在各种强腐蚀性物质，在误操作的过程中滴落在钢芯铝绞线上，导致铝线的严重腐蚀。

（五）结论及建议

该钢芯铝绞线在生产过程中，受含 Cl 元素的强酸性腐蚀物污染，是导致腐蚀断股的主要原因。

第七章 巡 检 工 作

第一节 防腐维护规定

一、腐蚀评估一般规定

输变配电设备腐蚀评估应结合日常巡视、巡检、检测进行，可纳入状态评价工作范围。运行维护单位应做好设备和部件的腐蚀评估、记录检查结果、建立台账、提出防腐维护或更换措施并制定检修计划，为状态检修提供科学依据。

变电站腐蚀评估周期：大气腐蚀等级为 C1～C3 时，宜每两年特殊巡视一次；大气腐蚀等级为 C4、C5 时，宜每年特殊巡视一次；大气腐蚀等级为 CX 时，宜每半年特殊巡视一次。参照 DL/T 1425—2015 中 6.2 执行。

输电线路腐蚀评估周期：大气腐蚀等级为 C1～C3 时，宜每三年特殊巡检一次；大气腐蚀等级为 C4、C5 时，宜每两年特殊巡检一次；大气腐蚀等级为 CX 时，宜每年特殊巡检一次。

对于输变电钢构件，应根据巡检结果，参照附录 A 进行腐蚀程度评估。

对于变电站接地装置、变电站基础、输电线路接地装置、杆塔基础、拉线棒以及直流接地极的巡检时间参照《电网设备土壤防腐指导意见》中的第六部分执行。

大气腐蚀等级、土壤腐蚀等级和设备腐蚀评估的结果，应作为设备状态评价、设备状态检修、设备防腐大修项目储备、项目可研评估、设备防腐维护、设备更新改造、设备退役报废等工作的依据，并附现场照片。

二、变电站防腐维护规定

（一）变压器和电抗器

巡视部位包括油箱、储油柜、散热器、阀门、套管接线端子、分接开关传动机构、伸缩节等。

目测观察油箱、储油柜、散热器、阀门表面有无锈蚀，若有应及时进行防腐处理，若锈蚀导致渗油、漏油，应停电更换。检查套管接线端子有无裂纹，分接开关传动机构部件表面有无变形、裂纹、锈蚀等缺陷，伸缩节有无失稳、漏油，若存在上述情况，应及时处理或更换相关部件。

（二）GIS

巡视部位包括壳体、机构箱、汇控柜、支座、拐臂、连杆、阀门、伸缩节、法兰、接线端子、轴销、充气口保护封盖等。

目测观察壳体、机构箱、汇控柜箱体、支座有无锈蚀，若有应及时进行防腐处理。检查拐臂、连杆等外露的传动机构部件、阀门、伸缩节、法兰、接线端子、轴销、充气口保护封盖有无锈蚀、开裂、变形，若存在上述情况，应及时处理或更换相关部件。

（三）断路器

巡视部位包括本体、操动机构箱、支座、拐臂、连杆、阀门、接线端子等。

目测观察断路器本体、操动机构箱箱体、支座有无锈蚀，若有应及时进行防腐处理。检查拐臂、连杆等操动机构部件、阀门、接线端子有无锈蚀、开裂、变形，若存在上述情况，应及时处理或更换相关部件。

（四）隔离开关

巡视部位包括触头、操动机构、传动机构、机构箱、防雨罩、底座、导电部件导电杆、接线盒等。

目测观察触头镀银层的外观，查看是否变色、破损，是否有污染物附着，检查触头弹簧是否有锈蚀、开裂、变形，若存在上述情况，应及时处理或更换触头部件。

检查传动机构密封情况，应及时清理污染物和积水。检查操动机构、传动机构是否有锈蚀，若有应及时清除。当发现锈蚀影响传动动作时，应及时更换传动部件。发现传动关节缺油应及时加注。检查机构箱、防雨罩、底座、导电部件导电杆、接线盒有无变形、破损、裂纹等缺陷，若存在上述情况，应及时处理或更换相关部件。

（五）互感器

巡视部位包括本体、底座、法兰、金属膨胀器防雨罩、充油、充气阀门、二次接线盒、接线端子等。

目测观察互感器本体、底座、法兰有无锈蚀，若有应及时进行防腐处理。检查金属膨胀器防雨罩、充油、充气阀门、二次接线盒、接线端子有无锈蚀、开裂、变形，若存在上述情况，应及时处理或更换相关部件。

（六）变电站内钢结构

巡视部位包括变电站构支架、设备支架、避雷针等。

目测检查钢结构外观，各部件应无断裂、开裂、损坏、锈蚀、变形等异常情况。钢结构表面出现红锈时，宜涂覆有机涂层进行二次防护；钢结构件厚度（直径）腐蚀减薄至原规格尺寸的80%及以下，或部件表面最大腐蚀深度超过2mm，或构件出现大面积锈蚀、出现锈蚀穿孔、边缘缺口时，应及时更换。

（七）接地引下线

巡视部位包括变电站接地工程用热浸镀锌钢，锌覆钢、铜覆钢、钢及不锈钢等材料的板材、棒材、线材等。

以腐蚀形貌检查为主，沿接地引下线一般开挖深度为50～60cm，检查接地引下线连接、防腐涂层破损、位移、断裂、腐蚀情况。

当接地引下线腐蚀后最小剩余厚度或直径低于原规格尺寸的80%，或接地引下线断开，或接地引下线最大腐蚀深度超过2mm时，应尽快安排局部更换。

在役接地材料的引下线部分防腐维护可选用沥青类涂料进行。在重腐蚀环境，更换的新接地材料引下线部分应在防腐处理前清理锈蚀部分表面，使其露出明显的金属光泽，无锈斑、起皮现象，再涂刷涂防腐涂料，并注意选用与镀锌层的相容性好的底漆对新焊接点处的重点防护。在重腐蚀环境，推荐使用铜材或铜覆钢材等高耐蚀性接地材料，减少后续维护工作量。

在易受机械损坏和防人身接触的地方，地面上1.7m至地面下0.3m的一段接地线应采用暗敷或镀锌钢管。

（八）设备外壳

巡视部位包括户外密闭箱体（控制、操作及检修电源箱等）、防雨罩、设备壳体等遮挡部件等。

例行巡视，户外密闭箱体不得有锈蚀、倾斜、变形、开裂等迹象。箱体应密封良好，箱门密封条无老化开裂，箱内应无进水、受潮、锈蚀、凝露，通风、加热驱潮装置运行应正常，箱内电缆孔洞应封堵严密，封堵无塌陷、变形，若不符合上述要求应及时处理。

雨后巡视，查看是否有积水，检查箱门胶条密封情况、检查防水胶是否脱落，应及时清理积水，更换不密封的胶条，对防水胶脱落处进行修补。

（九）紧固件

巡视部位包括变电站构支架、设备支架、传动机构、导流部件等部位的连接紧固件。

目测观察，紧固件镀层表面是否有破损，连接处是否有锈蚀，紧固件是否松动。当镀层有破损时应及时更换或涂覆防腐涂料；当连接处有锈蚀时，应及时清除锈蚀物并涂抹防锈油；当紧固件出现松动时应及时固定。

（十）变电站基础

巡视部位包括变电站构筑物及设备基础漏出地面部分等。

目测检查基础漏出地面部位是否存在破损、酥松、裂纹、露筋等情况，并选择巡视发现问题的构筑物及设备基础，开挖地面 1m 以下，若基础混凝土出现裂纹、酥松、损伤及金属件锈蚀情况，应及时结合接地工程运维，纳入接地工程状态检修工作中。

三、架空输电线路防腐维护规定

（一）杆塔

大气腐蚀等级为 C1～C4 时，塔材宜在重腐蚀程度及以前进行防腐涂装；大气腐蚀等级为 C5 及以上时，塔材宜在中腐蚀程度及以前进行防腐涂装。

塔材达到重腐蚀程度以上时，应进行腐蚀减薄尺寸测量。当基体金属厚度（直径）腐蚀减薄至原规格尺寸的 80％ 及以下，或最大腐蚀深度超过 1mm，或构件出现锈蚀穿孔、边缘缺口时，应尽快安排局部更换或补强处理。

整塔 40％ 以上的塔材达到局部更换条件时，宜进行整体更换。

（二）电力金具

当钢制金具腐蚀后最小剩余厚度低于原规格尺寸的 90％，或最大腐蚀深度超过 1mm 时，应及时进行更换。

在重腐蚀环境，更换用的新钢制金具应先在场下用涂料做好防腐后再进行安装，并对安装后的涂镀层破损部位再用同种或同类型涂料进行补涂修复。

（三）钢绞线

对重腐蚀环境或运行 20 年及以上的地线应结合停电检修开展腐蚀检测，评价损伤状况并提出整治措施。

当钢绞线外观出现毛刺或腐蚀后直径测量变化值（相对初始值）超过 8%，或腐蚀后直径减小超过 2mm，或出现腐蚀引起的断股现象时均应更换。

重腐蚀环境的钢绞线应更换为铝包钢芯铝绞线或锌铝合金镀层地线。新更换的导地线应经过检测力学性能和耐蚀性能符合要求后方可安装。

（四）拉线棒

应结合输电线路巡视周期对拉线棒穿过地表上下 300mm 的部位进行腐蚀检测，检查拉线棒是否存在严重锈蚀或蚀损。

若拉线棒锈蚀超过设计截面 30% 以上，立即开展更换或修复拉线棒；拉线棒锈蚀在设计截面 20%～30% 范围内时，尽快开展更换或修复拉线棒；拉线棒锈蚀不超过设计截面 20%，适时开展更换或修复拉线棒。

（五）紧固件

输电线路紧固件的防腐维护参照本章变电站防腐维修紧固件部分执行。

（六）接地引下线

输电线路接地引下线的防腐维护参照本章变电站防腐维修接地引下线部分执行。

（七）杆塔基础

杆塔基础的防腐维护参照本章变电站防腐维修基础部分执行。

第二节 检测及处理

一、常规检测项目

电网设备腐蚀与防护常规检查项目见表 7-1。

表7-1 电网设备腐蚀与防护常规检查项目

序号	设备名称	部件名称	检测部位	腐蚀防护检测项
1	变压器	主变压器接线端子	铜制件	外观质量、成分
		油箱、储油柜、散热器等壳	防腐涂层	外观质量、防腐涂层厚度
		法兰连接面跨接软铜线、纸包铜扁线、换位导线及组合导线	铜制件	外观质量、成分
		本体、散热片（本体、散热片、油箱、储油柜等外露部件）	漆膜	外观质量、防腐涂层厚度
		套管抱箍线夹	铜制件	外观质量、成分
2	电抗器	钢结构支架	热镀锌层	外观质量、防腐镀层厚度
3	互感器	气体绝缘互感器	充气接头	外观质量、成分
4	GIS	壳体	漆膜	外观质量、防腐涂层厚度
		机构箱	箱体	外观质量、尺寸、成分
		镀锌部分	外露镀锌件	外观质量、防腐镀层厚度
5	断路器	连杆拐臂	铝合金	外观质量、成分
		主触头、铜钨弧触头	本体	外观质量、成分
		操动机构拐臂连杆转动轴凸轮	本体	外观质量、成分
			热镀锌层	外观质量、防腐镀层厚度
6	隔离开关	导电臂、接线板、静触头横担	铝制件	外观质量、成分
		动、静触头接触部位	镀银层	外观质量、镀层厚度
		防雨罩、操动机构箱	箱体	外观质量、成分、尺寸
		接触件、传动件、连接件等各主要部件	铜制件	外观质量、成分、防腐镀层厚度
7	变电站内钢结构/杆塔	主材/辅材	本体	外观质量、成分、尺寸
			热镀锌层	外观质量、防腐镀层厚度

序号	设备名称	部件名称	检测部位	腐蚀防护检测项
8	紧固件	螺栓/螺母	本体	外观质量、成分、尺寸
			热镀锌层	外观质量、防腐镀层厚度
9	接地引下线	铜排	本体	外观质量、成分
		铜绞线	本体	外观质量、成分
		扁钢及角钢	本体	外观质量、成分
			热镀锌层	外观质量、防腐镀层厚度
10	电力金具	主材	本体	外观质量、成分、尺寸、防腐镀层厚度
		螺栓/螺母	本体	外观质量、成分、尺寸
			热镀锌层	外观质量、防腐镀层厚度
11	拉线棒	主材	本体	外观质量、尺寸
12	钢绞线/铝包钢绞线	股线	热镀锌层	外观质量、成分、尺寸、防腐镀层厚度
			包铝层	外观质量、尺寸
13	变电站/杆塔基础	主材	本体	外观质量

二、电网设备的检测及处理方法

（一）外观质量

1. 一般规定

电网设备用金属材料及合金、防腐涂层、防腐镀层、防腐油脂应在巡检期间进行外观质量检测。通常应在现场采用目视方法检测，若需对样品的光泽度、色差等进行检测，可采用光泽度计、色差仪。对细小缺陷进行鉴别时，可使用符合标准规定的放大镜等目视辅助设备。详细检测请参照第三章外观质量检测要求内容。

2. 检测设备

使用符合第三章外观质量检测要求的设备进行检测。

3. 检测方法

目视检测应按 GB/T 20967—2007《无损检测 目视检测 总则》的规定

执行。涂镀层光泽度检测应按 GB/T 9754—2007 的规定执行。色差检测应按 GB 11186.1 的规定执行。

4. 处理方法

对于外观质量不合格应及时处理，包括当防腐涂层镀层有破损时应及时更换或涂覆防腐涂料；当金属材料表面或连接处有锈蚀时，应及时清除锈蚀物并涂抹防锈油；当有变形、破损、裂纹等严重情况时，达到局部更换条件，宜进行整体更换。

（二）尺寸

1. 一般规定

电网设备用塔材、螺栓螺母、接地材料、开关柜柜体、户外密闭箱体、焊缝应进行尺寸检测，尺寸检测宜经外观检查合格后进行。

2. 检测设备

使用符合第三章尺寸检测要求的设备进行检测。

3. 检测方法

输电杆塔用地脚螺栓与螺母的尺寸检测应按 DL/T 1236—2021《输电杆塔用地脚螺栓与螺母》的规定执行。开关柜柜体覆铝锌板及户外密闭箱体厚度检测应按 GB/T 11344 的规定执行。

4. 处理方法

当部件存在尺寸不合格情况，应及时更换。

（三）防腐涂层厚度

1. 一般规定

一般规定的详细要求可参见第三章防腐涂层厚度检测内容。

2. 检测设备

使用符合第三章防腐涂层厚度检测要求的设备进行检测。

3. 检测方法

磁性基体表面的防腐涂层厚度检测应按 GB/T 4956—2003 的规定执行。

非磁性基体表面的防腐涂层厚度检测应按 GB/T 4957—2003 的规定执行。

4. 处理方法

当部件防腐涂层厚度不合格或有破损时，在防腐处理前清理锈蚀部分表面，再涂刷防腐涂料。

（四）防腐镀层厚度

1. 一般规定

一般规定的详细要求可参见第三章防腐镀层厚度检测内容。

2. 检测设备

使用符合第三章防腐镀层厚度检测要求的设备进行检测。

3. 检测方法

采用 X 射线光谱法检测防腐镀层厚度时，应按 GB/T 16921—2005《金属覆盖层　覆盖层厚度测量　X 射线光谱法》的规定执行。

输电线路铁塔热浸镀层、热喷涂锌层、隔离开关部件的镀锌层、热浸镀锌螺栓与螺母镀层，接地扁钢及角钢、电缆沟内线缆支架的镀锌层厚度检测应按 GB/T 4956—2003 的规定执行。磁性和非磁性基体上的镍电镀层厚度测量应优先采用 GB/T 13744—1992《磁性和非磁性基体上镍电镀层厚度的测量》规定的方法。

4. 处理方法

当部件防腐镀层厚度不合格或有破损时，应在防腐处理前清理锈蚀部分表面，再涂刷涂防腐涂料，并注意选用与镀层的相容性好的底漆。

（五）成分

1. 一般规定

电网设备用金属及合金材料、涂覆层材料应进行成分检测。金属材料成分现场检测应使用便携式直读光谱仪。金属材料及其镀层材料成分宜使用便携式 X 射线荧光光谱仪进行现场检测。电网设备光谱分析工作应按 DL/T 991—2006 中 6.1～6.5 的规定执行。

2. 检测设备

使用符合第三章成分检测要求的设备进行检测。

3. 检测方法

采用原子发射光谱法检测碳素钢和中低合金钢中元素成分时，应按 GB/T 4336—2016 或 GB/T 22368—2008《低合金钢　多元素含量的测定　辉光放电原子发射光谱法（常规法）》的规定执行。采用原子发射光谱法检测不锈钢中元素成分时，应按 GB/T 11170—2008 或 GB/T 34209—2017《不锈钢多元素含量的测定　辉光放电原子发射光谱法》的规定执行。采用原子发射光谱法检测铝及铝合金中元素成分时，应按 GB/T 7999—2015 的规定执行。采用原子发射光谱法检测锌及锌合金中元素成分时，应按 GB/T 26042—2010 的规定执行。采用原子发射光谱法检测镍基合金中元素成分时，应按 GB/T 38939—2020 的规定执行。采用原子发射光谱法检测铜及铜合金中元素成分时，应按 YS/T 482—2005 的规定执行。采用光电直读原子发射光谱法检测镁及镁合金中元素成分时，应按 GB/T 13748.21—2009 的规定执行。采用 X 射线荧光光谱法检测钢铁中元素成分时，应按 GB/T 223.79—2007 或 GB/T 36164—2018 的规定执行。

4. 处理方法

当部件存在成分不合格情况，应及时更换。

第三节 资 料 管 理

一、建立和归档

运行维护单位应建立健全设备和部件的腐蚀评估、记录检查结果台账资料、腐蚀设备清册、腐蚀与防护相关规程制度和其他资料，所有技术资料均应有目录、清册，并进行分类保管。

运行维护单位运维专责应负责做好腐蚀与防护工作资料的收集整理工作，需归档的技术文件资料应系统地整理，组成保管单元（卷、册、袋、盒），按档案管理要求及时移交档案室。

对于已归档、需频繁使用的技术资料，应制作副本使用。对需长期或永久保存的技术资料，在建立时必须达到保管的要求。

对于需归档的技术文件材料，应该编制移交目录，一式两份。在向档案室移交的时候，交接双方在移交目录上签字。

二、范围与内容

（一）电网设备设计资料

包括但不限于：供应商和施工单位提供的设备基本信息、技术参数、部件列表、资料、图纸、出厂合格证明、质量检测报告，工程施工记录等。

（二）电网设备台账

电网设备台账应包括以下信息：工程名称、腐蚀等级、设备数量、设备型号，设备生产厂家等。

（三）规程规定

规程规定包括但不限于：本地区大气腐蚀等级分布图、土壤腐蚀等级分布图、DL/T 1425—2015、Q/GDW 12015—2019、《电网输变配电设备防腐技术指导意见》《电网设备土壤防腐指导意见》等。

（四）电网设备检测记录

电网设备检测记录包括但不限于：设备监造、厂内检测、出厂试验、进场验收、现场安装、技术监督等各环节资源与成果，并做到检测项目全覆盖。

（五）污染源及腐蚀情况记录

污染源及腐蚀情况记录包括以下信息：工程名称、污染源名称、污染源距离电网设备距离、污染源特征、当地主要风向、气候特点、腐蚀评估记录，照片等。

附录 A　钢构件腐蚀程度评估分级

依据镀锌钢结构的腐蚀演化规律与各阶段典型形貌特征，将一般钢构件分为 6 个腐蚀程度等级，各等级对应的具体描述如下。

1. A 级：微腐蚀

钢铁基体与表面镀锌层均完好。没有明显可见锈蚀，也没有明显颜色变化。表面镀锌层保持原来的青灰色或青白色，表面光滑平整。

2. B 级：弱腐蚀

钢铁基体完好，镀锌层发生较明显腐蚀。钢铁基体没有明显锈蚀，但表面镀锌层颜色发生变化。局部镀锌层颜色变成暗灰色或灰黑色，或出现白锈、锌盐产物。

3. C 级：轻腐蚀

镀锌层腐蚀消耗显著，钢铁基体出现轻微点锈，但点锈尚未连成片。表面镀锌层出现棕色锈点，用手摸粗糙不平，有毛刺感，表明已露出钢铁基体。如果为均匀腐蚀，锈蚀面积 $<3\%$；如果为局部腐蚀，单个黄锈斑的面积 $<1cm^2$。

4. D 级：中腐蚀

钢铁基体发生中等程度腐蚀。钢结构表面出现明显的黄锈，黄锈已初步联结成片，较大面积锈斑主要在构件边角产生。如果为均匀腐蚀，$3\%\leqslant$ 锈蚀面积 $<10\%$；如果为局部腐蚀，$1cm^2\leqslant$ 单个黄锈斑的面积 $<4cm^2$，有可见蚀坑时最大腐蚀深度 $<0.5mm$。

5. E 级：重腐蚀

钢铁基体发生较重腐蚀。钢结构表面出现较大的黄锈并联结成片，边角和中间区域均产生。如果为均匀腐蚀，$10\%\leqslant$ 锈蚀面积 $<33\%$；如果为局部腐蚀，$4cm^2\leqslant$ 单个黄锈斑的面积 $<9cm^2$，有明显蚀坑，$0.5mm\leqslant$ 最大腐蚀深度 $<1mm$。

6.F级：极重腐蚀

钢铁基体发生严重腐蚀。表面出现大面积黄锈，且常伴随黄锈联结成片或分层、起壳、穿孔现象。如果为均匀腐蚀，锈蚀面积≥33%；如果为局部腐蚀，单个黄锈斑的面积≥9cm²，或有严重蚀坑，最大腐蚀深度≥1mm。

附录 B 输电线路铁塔和变压器涂料技术要求

应用于输铁塔和输电变电钢构架的底漆、面漆性能应满足 Q/GDW 673—2011《输电线路铁塔防护涂料》中底漆、面漆性能要求。附着力应小于等于 1 级或大于 5MPa（见表 B1）。

应用于一般腐蚀环境、重腐蚀环境中的配套防腐涂层体系应分别满足 Q/GDW 673—2011 中 I 和 II 型的技术要求（见表 B2）。

表 B1   **底漆、面漆的性能要求**

项目		底漆	面漆
在容器中的状态		搅拌后均匀无硬块	
漆膜外观		无起泡、针孔等异常现象，允许略有刷痕	
细度①/μm		≤70	≤30
干燥时间	表干/h	≤4	≤2
	实干/h	≤24	≤24
附着力（划格法）/级		≤1	
耐弯曲性/mm		≤4	
耐冲击性/cm		50	

① 细度指标不适用于含有铝粉、云母氧化铁颜料的涂料。

表 B2   **涂层配套体系的性能要求**

项目	I 型	II 型
耐酸性（10% H_2SO_4）/168h	—	无异常
耐湿热/h	240	600
	漆膜无异常，试验后附着力≤2级	
耐盐雾/h	480	1000
	漆膜无异常，试验后附着力≤2级	
人工加速老化/h	480	1000
	不起泡，不开裂，不生锈，不粉化，失光率≤30%，允许轻微变色	
耐磨性（1000g·500r）/mg	≤50	

变压器外壁和散热器的底漆、面漆和配套体系应满足 HG/T 4770—2014
中的技术要求（见表 B3 和表 B4）。

表 B3 电力变压器外壁和散热器用底漆、电力变压器外壁用中间漆的技术要求

项目		底漆	中间漆
在容器中的状态		搅拌后均匀无硬块	
干燥时间/h	表干	≤4	
	实干	≤24	
漆膜外观		正常	
耐冲击性/cm		40	
耐弯曲性/mm		2	
附着力（划格法）/级		≤1	
耐盐雾性	Ⅰ类	240h；划线处单向锈蚀不超过 2.0mm，未划线处不起泡、不生锈、不脱落	—
	Ⅱ类	168h；划线处单向锈蚀不超过 2.0mm，未划线处不起泡、不生锈、不脱落	
	Ⅲ类	—	

表 B4 电力变压器外壁和散热器用面漆的技术要求

项目		指标
在容器中的状态		搅拌后均匀无硬块
不挥发物含量/%（105℃±2℃/3h）		≥50
细度/μm		≤30
干燥时间/h	表干	≤4
	实干	≤24
漆膜外观		正常
光泽（60°）/单位值		商定
铅笔硬度（擦伤）	Ⅰ类	H
	Ⅱ类	HB
	Ⅲ类	—

续表

项目		指标
耐冲击性/cm		50
耐弯曲性/mm		2
附着力（划格法）/级		≤1
附着力（拉开法）/MPa	Ⅰ类	5
	Ⅱ类	3
	Ⅲ类	—
耐水性		168h 无异常
耐油性（10 号变压器油，80℃±2℃）		24h 无异常
耐酸性（50g/L H₂SO₄）	Ⅰ类	168h 无异常
	Ⅱ类	168h 无异常
	Ⅲ类	—
复合涂层 耐盐雾性	Ⅰ类	1000h；划线处单向锈蚀不超过 2.0mm。未划线处不起泡、不生锈、不脱落
	Ⅱ类	600h；划线处单向锈蚀不超过 2.0mm。未划线处不起泡、不生锈、不脱落
	Ⅲ类	300h；划线处单向锈蚀不超过 2.0mm。未划线处不起泡、不生锈、不脱落
耐人工气候老化性	Ⅰ类	1000h；不起泡、不生锈、不开裂、不脱落，变色≤2 级、失光≤2 级、粉化≤1 级
	Ⅱ类	600h；不起泡、不生锈、不开裂、不脱落，变色≤2 级、失光≤2 级、粉化≤1 级
	Ⅲ类	200h；不起泡、不生锈、不开裂、不脱落，变色≤2 级、失光≤2 级、粉化≤1 级

附录 C　推荐静电喷塑配套体系

推荐静电喷塑的配套体系见表 C1。

表 C1　　　　　　　　　　推荐静电喷塑的配套体系

基材类型	粉末系列	环境腐蚀等级	存放环境	服役年限	具体要求
冷轧钢板、热镀锌板、敷铝锌板、热轧板（氧化皮）、角钢、槽钢、方钢、电镀板、热浸锌、铝板、不锈钢、不锈铁	聚酯/环氧粉末（户内粉末）	C1～C2	湿度受控的室内环境	5～15 年	涂层厚度：砂纹：60μm 以上；橘纹：70μm 以上；返修工件最大厚度不超过 250μm
冷轧钢板、热镀锌板、敷铝锌板、热轧板（氧化皮）、角钢、槽钢、方钢、电镀板、热浸锌、铝板、不锈钢、不锈铁	聚酯粉末（普通户外粉）	C3	不受控的环境，偶尔相对湿度会达到 100%	5～10 年	涂层厚度：砂纹：60μm 以上；橘纹：70μm 以上；返修工件最大厚度不超过 250μm
冷轧钢板、热镀锌板、敷铝锌板、热轧板（氧化皮）、角钢、槽钢、方钢、电镀板、热浸锌、铝板、不锈铁	环氧型重防腐粉末纯聚酯超耐候粉	C4	不受控的环境，偶尔相对湿度会达到 100%	10 年以上	粉层厚度：底粉（环氧型重防腐粉末）：50μm 以上；面粉（纯聚酯超耐候粉末）：50μm 以上；总厚度：100μm 以上

续表

基材类型	粉末系列	环境腐蚀等级	存放环境	服役年限	具体要求
不锈钢	聚酯粉末（普通户外粉）	C4	不受控的环境，偶尔相对湿度会达到100%	10年以上	涂层厚度： 砂纹：60μm以上； 橘纹：70μm以上； 返修工件最大厚度不超过250μm
冷轧钢板、热镀锌板、敷铝锌板、热轧板（氧化皮）、角钢、槽钢、方钢、电镀板、热浸锌、铝板、不锈铁	环氧富锌防腐粉末；纯聚酯超耐候粉末	C5	高湿度和恶劣大气的工业区域，高含盐度的沿海（离海岸3.5km以内）和海上、岛屿区域	15年以上	粉层厚度： 底粉（环氧富锌防腐粉末）：70μm以上； 面粉（纯聚酯超耐候粉末）：70μm以上； 总厚度：140μm以上。 固化条件： 温度：200℃±5℃； 时间：15min以上
不锈钢	纯聚酯超耐候粉末	C5	高湿度和恶劣大气的工业区域，高含盐度的沿海（离海岸3.5km以内）和海上、岛屿区域	15年以上	涂层厚度： 砂纹：60μm以上； 橘纹：70μm以上； 返修工件最大厚度不超过250μm。 固化要求： 温度：200℃±5℃； 时间：15min以上

参 考 文 献

[1] 魏宝明，等. 金属腐蚀理论及应用 [M]. 北京：化学工业出版社，1984：136 - 164.

[2] 北京科技大学，朱日彰. 金属腐蚀学 [M]. 北京：冶金工业出版社，1989：151 - 172.

[3] 何丽娟，陈宇，田付强，等. 电力复合脂的研究进展及其应用 [J]. 哈尔滨理工大学学报，2022，27（2）：133 - 141.

[4] 胡渊蔚，华建飞，党朋. 架空导线的几种防腐措施 [J]. 电线电缆，2017，4：12 - 19.

[5] 祝志祥，陈保安，张强，等. 架空输电导线的腐蚀分析与防护 [J]. 中国电力，2016，49（5）：8 - 13.

[6] 阎君. 变电站用电力复合脂研制及应用 [D]. 北京：华北电力大学，2017：7 - 9.

[7] 王炯耿，林群，罗宏建，等. 接地网扁钢超声导波检测试验研究 [J]. 浙江电力，2014，4：3 - 7.

[8] 黄元伟. 铝和铝合金的腐蚀及其影响因素的评述 [J]. 上海有色金属，2012，33（02）：89 - 95.

[9] 徐松，冯兵，周舟. 电力接地装置的腐蚀与防护 [M]. 北京：中国电力出版社，2017：6，12 - 13.

[10] 罗雪. 电网金属材料数据库的构建与电网用典型铝合金的腐蚀研究. 广州：华南理工大学，2018：1 - 1.

[11] 方锡恩. 热浸镀锌技术发展简史（上）[J]. 河北冶金，1993（05）：51 - 54.

[12] 干勇，田志凌. 中国材料工程大典（第 3 卷下）（钢铁材料工程）[M]. 北京：化学工业出版社，2006.

[13] 刘同华，强文江，王伟. 不锈钢中合金元素的作用及其研究现状 [J]. 热加工工艺，2018，47（04）：17 - 21.

[14] 周敬恩. 热处理手册 第 1 卷 工艺基础（第 4 版修订本）[M]. 北京：机械工艺出版社，2013.

[15] 张亚丁. 腐蚀防护手册 第二卷 耐蚀金属材料及防腐蚀技术（第二版）[M]. 北京：化学工业出版社，2006.

[16] 才鸿年，赵宝荣. 金属材料手册 [M]. 北京：化学工业出版社，2011.

[17] 周江，李凤轶. 铝合金材料及其热处理技术 [M]. 北京：冶金工业出版社，2012.

[18] 王强松，娄花芬，马可定，等. 铜及铜合金开发与应用 [M]. 北京：冶金工业出版社，2013.